疯狂化学 CRAZY CHEMISTRY

化学 第二版

杨帆◎著

人民邮电出版社
北京

图书在版编目（ＣＩＰ）数据

疯狂化学 / 杨帆著. -- 2版. -- 北京 ： 人民邮电
出版社，2024.11
ISBN 978-7-115-64203-5

Ⅰ．①疯… Ⅱ．①杨… Ⅲ．①化学－普及读物 Ⅳ．
①06-49

中国国家版本馆CIP数据核字(2024)第073538号

内 容 提 要

生活离不开化学，化学在现代社会中发挥着越来越重要的作用，然而很多人对化学有不少误解，认为化学与我们崇尚的自然环保、绿色健康背道而驰。在这本书中，作者将带领我们重新认识化学，了解化学之美。

本书取材于网络上广受好评的"疯狂化学"系列视频，通过"化学之彩""化学之烈""化学之光""化学之魅"4章，分别展示了变色实验、燃烧与爆炸、发光实验以及其他一些不可思议的化学反应。本书以图片为主，辅以简洁有趣的文字，通过精心设计的化学实验和高超的摄影技术展示化学最美的一面，同时通过短视频带领你进一步领略化学的神奇之处

本书适合化学爱好者阅读。

◆ 著　　　　　杨　帆
　　责任编辑　刘　朋
　　责任印制　陈　犇

◆ 人民邮电出版社出版发行　　北京市丰台区成寿寺路 11 号
　　邮编　100164　　电子邮件　315@ptpress.com.cn
　　网址　https://www.ptpress.com.cn
　　优奇仕印刷河北有限公司印刷

◆ 开本：889×1194　1/24
　　印张：8.34　　　　　　　　2024 年 11 月第 2 版
　　字数：162 千字　　　　　　2024 年 11 月河北第 1 次印刷

定价：69.80 元

读者服务热线：(010)81055410　印装质量热线：(010)81055316
反盗版热线：(010)81055315
广告经营许可证：京东市监广登字 20170147 号

警　告

本书中所有实验都具有一定的危险性，请不要自己模仿！没有专业知识支撑的化学实验很容易成为脱缰野马，对你的身体造成巨大伤害！

第二版前言

时光荏苒，岁月如梭。回首望去，自《疯狂化学》首次出版以来，已过去约9年光景。这本书首次出版时我即将大学毕业，而"大学毕业前出了本书"也成为了我这辈子可以用来吹牛的一件事，可与第一版前言中提到的"我的高考化学成绩获得了满分"并列。现在，我已经成为了国内科普队伍中的一员，自毕业之后就工作在科普一线，又创作了众多与化学和其他学科相关的视频作品，如专注于化学趣味实验的"实验室的魔法日常"系列、有关物理知识的"解构自然"系列，以及着眼于无机颜料，并将历史、艺术与化学知识融为一体的"色彩重铸"系列等。

而在图书创作方面，《疯狂化学》首次出版之后，我编写了《实验室的魔法手册》，作为前者的进阶内容。除了同样优质的照片之外，我在那本书中加入了大量化学知识与实验，将通常看上去冷冰冰的文献资料变成了一本丰富多彩的趣味实验百科全书。《实验室的魔法手册》获得了第六届中国科普作家协会优秀科普作品奖。

可能大家不知道的是，我的写作方式一直很特别。我不像大多数作者那样，先写好多文档，然后配图排版。我更注重视觉艺术，更关注图片质量。正如《疯狂化学》第一版前言所说，这本书的排版也是由我完成的，所以我的创作方式是列出提纲之后先去拍照片，然后在排版的时候为图片配文字，一边排版一边写作。比起其他图书可能涉及的作者、编辑与排版人员之间的反复沟通，这减少了大量的沟通工作。

《疯狂化学》第一版上市之后，我很关注读者的意见和建议。比如，以前编辑曾提醒过我，图片不要放得太多，因为好多读者会觉得买这种图多字少的书很亏。

起初我不太相信，毕竟好多画册就是图多字少，而且我对这本书里的图片质量还是很有信心的，这本书的定位就是让读者通过图片感受化学之美。但后来看到读者的反馈，我还是相信了。在一些网页上，很多读者评论还真就是这么写的，以至于我在后来创作《实验室的魔法手册》的时候把能排文字的地方全排满了文字。另一类评论则说《疯狂化学》里的好多图片都很"模糊"，这实际上是摄影时的景深导致的。为了追求部分图片的艺术性，我和摄影师开大光圈去追求那种比较浅的景深效果，从而会产生虚焦导致的"模糊"。也就是说，在大部分情况下，大家所看到的"模糊"其实是我们有意为之，但是最终确实会造成很多读者的误解。所以，在拍摄《实验室的魔法手册》所需的照片时，我和摄影师有意调小光圈，减轻了这种"模糊"程度。

此时此刻，回看《疯狂化学》的第一版，我发现了很多不成熟的地方。所以，我决定把这本书重新修订一遍，于是有了这本书的第二版。在第二版中，我做了哪些调整呢？且听我一一道来。

首先是文字。正如前文提到的那样，很多读者并不喜欢图多字少的书。虽然第二版还是以图为主，但文字可以多一些。在这次修订时，我重写了大半本书的文字。在第一版的文字叙述中，我很注重表述严谨，所以书中经常出现一句话里限定词套限定词、修饰词套修饰词的情况。这种写法可能足够严谨，但有的时候并不是很容易阅读。第二版的文字经过调整以后更加通俗易懂。此外，对于做了这么多年科普工作的我来说，知识储备也比以前丰富了许多。所以，在这本书的修订过程中，我增加了很多的扩展内容，使得可读性增强了一些。至此，这本书的文字不再像第一版那样只是图片的陪衬，至少能够和图片平分秋色。

其次是排版。既然文字与图片的比例发生了改变，全书的版式自然也需要重新调整。我对文字和图片做了一定的"分隔"。这样，在保证具有一定文字量的同时，会让整本书更有画册的感觉。另外，也减少了第一版中经常出现的整页图，这样能减轻一点看惯了纯文字书籍的读者的那种"很亏"的感觉。同时改变的还有字体，调整之后的新字体会更加现代一些。

最后是图片。即使我提高了文字的比重，这本书依旧以图为主。随着版式的调整，书中多出了好多空白页。而这正好是一个机会，我可以把当年由于种种原因而没能排进书中的照片加了进去，使得这些照片有机会和大家见面。此外，与当年相比，现在的图像处理技术也有了飞跃。书中的照片都留存有原始数据，所以我可以使用全新的技术重新进行处理。我对书中出现的照片进行调色，采用了更明快的色彩，以实现更好的印刷效果。我还通过基于人工智能技术的图像增强手段，降低原始图像的噪点，使照片更加清晰，不同颜色之间的过渡更加自然。

由于我在创作"色彩重铸"系列的过程中掌握了晶体结构的相关制作流程，所以在本书的"晶体"那一节中，我还增加了一些有关知识，作为送给读者的一个小彩蛋。

在此感谢一下协助我修订这本书的编辑刘朋老师。希望这本书能带给读者更好的阅读体验。

写于 2024 年 5 月

第一版前言

"咦？你又带化学试剂来了？"

"这回不危险，是过氧化氢和二氧化锰。"

"会有啥反应吗？"

"就是放出点氧气而已。赶紧找个矿泉水瓶子去！"

"就这种程度根本没啥意思嘛！"

"喂！别拧上瓶盖啊！"

"哎呀！！！"

嘣……

化学是一门非常基础的学科，国内从初三开始开设化学课。也就是在那个时候，我开始对这门学科产生了浓厚的兴趣。和初三的很多熊孩子一样，我想尽办法买来各种化学试剂自己做实验。当然，在那个啥都不懂的年纪，由于不经意犯下大忌的事故也出过不少，比如前面提到的那个。高中时，我当上了学校图书馆的图书管理员。于是在获得了那个一共四层的大书库的钥匙后，我有机会学到课本之外的一些化学知识。有时候，我几乎在整个课外活动和晚自习时间都泡在那里。或许正是因为这样，我的高考化学成绩获得了满分。考上北京电影学院后，我需要处理掉家里的试剂。本着"考上北影了做个片子玩玩"与"处理试剂"的双重目的，我制作了自己的第一部短片《疯狂化学》。虽然这部片子在今天看来过于粗糙，但当时在网上引起了强烈的反响，随之而来的便是暴涨的点击量以及大批粉丝的关注，甚至有的中学老师还将这部片子用在教学中，以提高学生学习化学的兴趣。于是，本来打算以这个视频结束化学实验生涯的我又找到了新的方向，那就是结合自己所学，提高观众对化学的兴趣。这条科普之路从此开始了。

2012年2月底，我被吧友选为百度"化学吧"吧主，之后很多粉丝催促我制作第二部短片，我开始了进一步的策划。我制作了以网络热门化学实验为主题的《疯狂化学 1.5》作为《疯狂化学》和即将制作的《疯狂化学 2：元素奇迹》之间的过渡，之后结合在北京电影学院的专业学习，创作了"疯狂化学"系列的第二部正式作品《疯狂化学 2：元素奇迹》。我的专业方向是电脑动画，我对于软件操作和后期制作比较有经验。因此，在这一部片子中，我尽己所能将科学性与观赏性结合了起来。功夫不负有心人，《疯狂化学 2：元素奇迹》在 2013 年 10 月 1 日 20:00 网络首映的时候便吸引了大量观众，并于第二天成功地登上了几个网站的首页。这三部视频作品让我逐渐为人所知。2012 年，我参加了由国际化学品制造商协会（AICM）主办的

全国高校化学视频大赛并获奖。2013 年，一家和北京市教委合作的公司与我联系，给了我参加 2013 年度北京科学达人秀的机会。我有幸获得了亚军，并由此获得了 2013 年度北京科学达人的称号。

除了"疯狂化学"系列以外，我还制作过《苯——向凯库勒致敬》《水色多米诺》等许多和化学相关的视频。但是取得《疯狂化学 2：元素奇迹》的成功后，我时常想，化学科普还能走什么其他路线？在看过美国知名科普作家西奥多·格雷的《视觉之旅：神奇的化学元素（彩色典藏版）》（人民邮电出版社出版）之后，我瞬间被震惊了，原来以图片为主的科普图书能做到如此极致的地步！这本书也给了我启发：西奥多·格雷可以用静态展示的方式展示一种又一种元素，那么我也可以用图片来展示一个又一个化学反应的精彩瞬间。这便

是我写作这本书的初衷。

纸质读物的创作和视频的创作截然不同。视频讲究视听协调，而纸质读物则要求图文并茂。作为一个初次写书的新手，我一开始便下定决心：将这本书做出我能做出的最好效果。同时，我也想让这本书的读者面尽可能广。现在公众对于化学的理解多局限于负面的新闻报道，我想尽自己的微薄之力让他们了解化学，感受化学之美。

本书分成 4 个部分：化学之彩、化学之烈、化学之光和化学之魅。这实际上也是大部分人对于化学神奇之处的 4 种理解：化学课程中的变色实验、人们所喜欢的火焰与爆炸景象、人类本能所向往的发光物以及最不可思议的化学反应。这是一条从生活中最基本的酸碱通往化学璀璨彼岸的道路。本书的版式设计由我亲自完成，书

中的图片精选自我为写作本书专门重新拍摄的数千幅照片。设计版式时，我将文字作为构成元素加入画面的整体构图中。同时，我精选了之前视频中的大量素材重新剪辑，做成了本书附赠的光盘，用它来弥补部分静态图片所无法达到的效果。希望大家能够喜欢。

和其他图书一样，本书到今天能够出版并不是因为我一个人的努力，有许多值得我感谢的人。首先要感谢我的父母和其他家人，他们不断给予我支持和鼓励，让我走到今天。我获得那些荣誉离不开他们。其次感谢两位摄影师——我的同学李一凡（《疯狂化学 2：元素奇迹》的主摄影师"Afternoon"）和发小韩超（《疯狂化学》的主摄影师"绝对零度"）。他们也参与了我的大部分视频作品的拍摄，并饱受化学试剂的"摧残"（主要是惊吓）。接下

来感谢本书的编辑韦毅，她发现了我的视频并帮助我完成了本书的出版。此外，我还要感谢将我领入化学之门的白汇民老师，在场地、设备上协助过我但大多叫不上名字的长辈，以及在本书创作阶段帮我处理学校事务的高尔东同学、补拍时来帮忙的刘艺程同学、为我提供铷铯晶体静物的吴尔平同学和帮我审查学术错误的高铭同学（后面两位来自百度"化学吧"）。

这是我的第一本书，其中一定会有许多不如意的地方。如果你有什么好的意见或建议，欢迎提出。

写于 2015 年 8 月

目　录

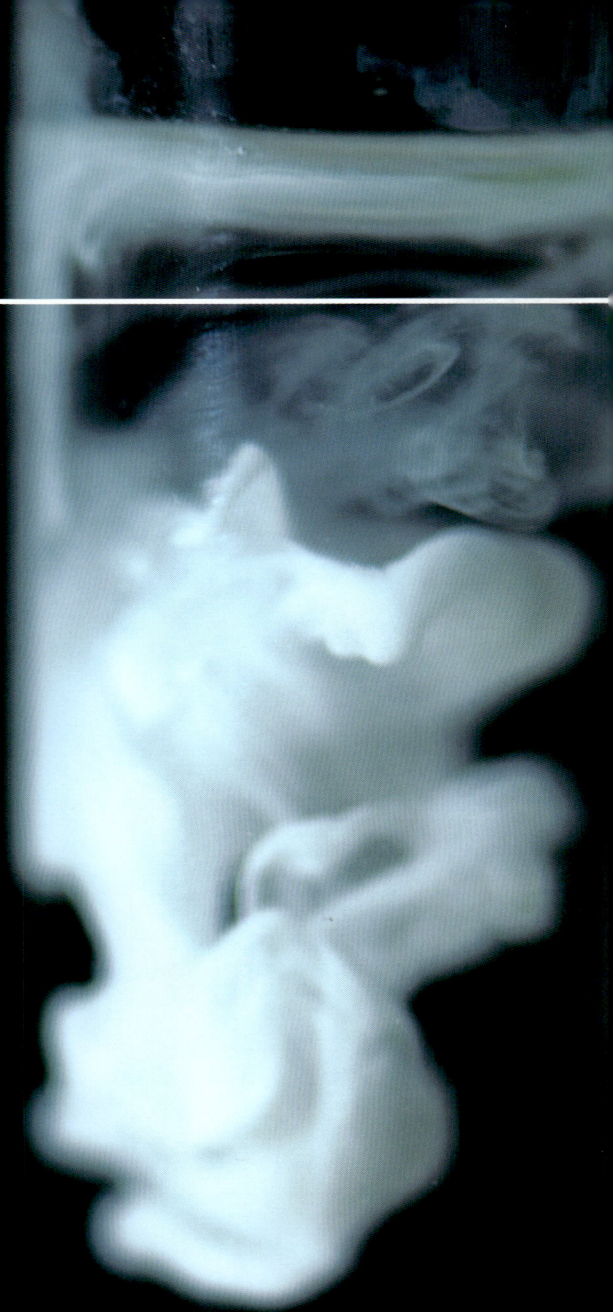

第一章　化学之彩

化学无处不在，
却经常被人们忽视。
谁能想到
这是由它塑造的
美丽色彩？

酸碱与会变色的指示剂

提起化学，"酸性"与"碱性"基本上就是我们在日常生活中接触得最多的两个有关化学的名词了。我们经常说醋是酸性的，苏打水是碱性的，那么什么是酸性，什么又是碱性呢？这就要提到一种特殊的东西——氢离子了。水是中性的，但水可以微弱地电离出氢离子和与之相对的氢氧根离子。在纯水之中，这两种离子的数量是相等的。其他物质进入水中的时候，有些可以电离出氢离子，有些可以电离出氢氧根离子。水中原有的平衡被打破之后，溶液便有了酸碱性的区别。氢离子的浓度越高，说明这种溶液的酸性越强；氢氧根离子的浓度越高，说明这种溶液的碱性越强。这种关系可以用一种特殊的数值 pH 表示：25 摄氏度的时候，pH 为 7 表示溶液是中性的，数值越小表示酸性越强，反之碱性越强。

就像测量温度一样，要知道一杯溶液的 pH，就要用一种类似于温度计的东西来测量它。在今天的实验室中，可以使用 pH 计进行测量。除此以外，我们可以聊聊最传统的方法，即通过化学反应来确定溶液的 pH。有这么一类会随着 pH 的变化改变颜色的物质，被称为酸碱指示剂。

对于大部分指示剂来说，它们本身都是有颜色的，而从自然界中提取有色物质这一行为本身就是人类认识自然的过程。除去直接用矿石磨成的颜料以外，人们也试图从植物中提取带有颜色的东西。比如，将一片树叶放在研钵中，加入少量洗净的沙子作为磨料将其磨碎，然后加入酒精或丙酮，就可以从其中溶解出一种绿色物质，这种物质就是叶绿素。同样，从一些带有紫色部分的植物（比如牵牛花、紫甘蓝）中，我们也可以采用类似的方法找到一种紫色物质，这种物质叫作花青素。

心里美萝卜中含有大量的花青素，这种物质在酸性条件下会变成红色。在左侧的图中，我们在同一个萝卜的切片上滴上不同 pH 的液体。很明显，最下面的一片颜色最红。通过这一点，可以看出我们在这片上滴的液体的酸性最强，这便是通过酸碱指示剂判断酸碱度的一个很好的例子。虽然花青素能够指示酸碱性，但纯净花青素的提取难度非常大，再加上这种物质比较容易变质，因此在今天的化学实验室中，我们并不会将它作为一种指示剂来使用。

相对于花青素，酚酞要常见得多，一般的化学课本都会介绍这种酸碱指示剂。除了作为化学试剂，酚酞曾经被作为泻药使用过。这种物质在 pH 小于 8.2 时是无色的，在 pH 大于 10 时是红色的。因此，我们往一杯未知的溶液中加入酚酞之后，就可以从颜色上大致判断这杯溶液的 pH 了。下图左侧展示了酚酞在较强的碱性环境下呈现的漂亮红色，我们从中间的过渡状态可以看出，酚酞的这种红色应该算是紫红色。酚酞在水中的溶解度很低，所以右侧偏中性的溶液呈白色浑浊状态。正因如此，我们在配制酚酞指示剂的时候会用酒精作为溶剂。

在溶液的酸碱性变化过程中，不同的指示剂会产生不同的变色效果。左侧图中使用的指示剂是茜素黄 R。我们在酸性溶液的底部加入少量固体碱之后，溶液的下半部分变黄了。这是由于固体碱逐渐溶解，将溶液的下半部分变成了碱性。在这个过程中，我们可以清楚地看到茜素黄 R 在上面酸性溶液中的深红色、下面碱性溶液中的黄色以及中间漂亮的过渡状态的扩散痕迹，烧杯中的景象类似于夕阳西下时的天空。

我们往一个白瓷盘中倒入一些加了溴百里香酚蓝指示剂的水，此时溶液呈中性。接下来，在盘子两边分别加入一些固体的酸和碱。随着二者逐渐溶解，盘子左边的溶液变成酸性，右边的溶液变成碱性。在这个过程中，可以看到溶液的颜色包含红、黄、蓝三色——酸性环境中的红色、中性环境中的黄色以及碱性环境中的蓝色，如下图所示。一般的指示剂的变色过程只有两个阶段，而像溴百里香酚蓝这样有三个变色阶段的指示剂还是比较罕见的。

右图中所用到的指示剂是孔雀石绿，它在溶液中会呈现透亮的、由黄绿到青蓝变化的效果。值得在此一提的是，虽然这种物质叫作孔雀石绿，但实际上和矿石中的孔雀石没有任何成分上的关系。孔雀石的主要成分是碱式碳酸铜，是一种无机物，而这种用作指示剂的孔雀石绿则是一种有机物。唯一让这种物质被称为孔雀石绿的理由，就是在某特定的pH下，这种物质的溶液颜色和孔雀石比较像。

每种酸碱指示剂改变颜色时的 pH 都是不一样的，所以通过不同的指示剂，理论上我们是可以比较精确地判断溶液的 pH 的。但是随着科技的进步，这些传统方法已经很少使用了，因为在现代的实验室中，我们有了一些全新的仪器，可以更加快速、精确地测量一杯溶液的 pH。今天，酸碱指示剂除了用在教学中之外，还用在两个场合：一是制作成试纸，用于低精度、快速的酸碱性测试；二是滴定。滴定操作是一种测定物质浓度的方式。比如，有一杯未知浓度的酸和一杯已知浓度的碱，我们可以在酸中加入一些合适的酸碱指示剂，然后向里面加入碱，直到溶液变色。这说明所有的酸全被消耗掉了，反应结束了。这时根据消耗的碱的量，就可以算出那杯未知浓度的酸的浓度了。

　　下图中所使用的指示剂是石蕊，这种指示剂在中性环境中呈紫色。我们在白瓷盘的左侧加入固体酸，在右侧加入固体碱。随着酸与碱逐渐溶解扩散，我们可以看到石蕊在酸性环境中会变红，在碱性环境中会变蓝。石蕊和之前提到的酚酞这两种指示剂基本上是我们在学校中刚开始学习化学的时候最先接触的酸碱指示剂了。

　　然而酸碱指示剂只是指示剂中的一类，我们可以根据需要找另外一些指示剂。虽然这些指示剂不能指示酸碱性，但能指示酸碱性之外的其他特殊状态，甚至可以指示溶液中所存在的离子种类。在下一节中，这类物质将展示出惊人的效果。

无限循环的反应

想象这样一件事：你送给朋友一件礼物，那是一个装有某种液体的密封的瓶子，而液体的颜色一直在不断地变化。这该是一件多么有趣的事啊！然而很遗憾，这是不可能的，因为从能量的角度来看，化学反应总会有停止的时候。但是，在化学反应停止之前，我们能不能尽量将损耗降低，以实现类似于不断变化的效果呢？这便是振荡反应。

顾名思义，振荡反应可以让参与反应的物质在抵达反应终点之前，在不同状态之间反复变化数次。早在19世纪初就有人发现这种奇特的反应了，然而那时物理上的永动机早已被证明不可能存在，所以化学上出现这样一个可以"循环"的反应也顺理成章地被以同样的理由抹杀了。随着这样的发现越来越多，人们才真正开始研究这类化学反应，其中最著名的一个反应就是碘钟反应。

当我们把碘钟反应所需的几种溶液配制并按比例混合好以后，这个反应便开始了。碘钟反应的一个循环的时长大约为8秒，溶液的颜色可以从无色变为黄色，再变为蓝色，然后还原为无色。整个反应能持续好几分钟，直到溶液中的过氧化氢耗尽为止。这个反应看似在不断循环，但最后会趋于一个平衡的稳态，就好比一段往复振动的弹簧总会有停下来的时候。不过这种溶液的颜色变化能循环这么长时间，已经算是一个奇迹了吧。上面的图显示的是碘钟反应的效果，每一幅都是间隔相同

时间拍摄的，可以明显地展示溶液颜色的循环变化。

值得一提的是，由于这些年互联网上的误传，现在被叫作碘钟反应的实验有两个。除了我们在这里展示的这个循环变色的实验以外，还有一个实验，其现象是溶液混合几秒后会突然变色。由于这两个实验的核心元素都是碘，而且实验现象都和时钟有所联系，因此才产生了这样的误解。不管在哪种碘钟反应中，在配制溶液的时候，所有物质的计量必须非常精确。如果做不到这一点，实验是很难成功的。

碘

53

碘是一种常见的非金属元素，在常温下是紫黑色固体。碘易升华，出现紫色碘蒸气。碘遇淀粉会变成蓝紫色，这一性质在许多实验中用于二者的互相检验。碘是一种人体必需的微量元素，我们可以轻易地购买到含有碘酸钾的食用碘盐。

如果碘钟反应的循环变色已经非常神奇了，那么下面要介绍的实验可能会让你更加惊讶。

碘钟反应的中心元素是碘，而接下来要介绍的这个实验的中心元素是溴。看一下元素周期表，你会发现在从右往左数的第二列中，溴位于碘的上面。在元素周期表中，同一列中的元素具有相似的性质，所以从这个角度去想的话，溴应该也有一个类似于碘钟反应的振荡反应。那么这个反应会和碘钟反应一样循环变色吗？如果在反应过程中持续搅拌溶液，那么可以看到红—绿—蓝—绿—红的循环变化，其中绿色位于红蓝之间，对应于一个短暂的混合状态。与碘钟反应不同的是，这个反应还存在一个极为特殊的情况。配好反应物并混合后，将得到的红色溶液在培养皿中摊开，看看会出现什么现象。

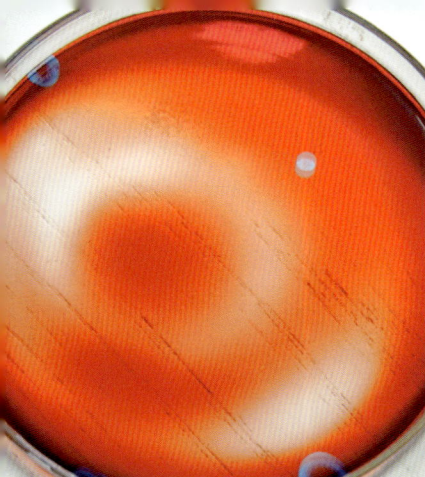

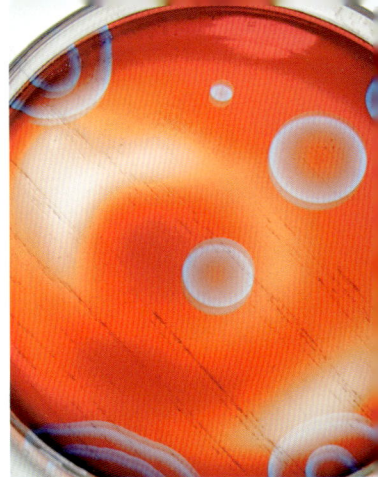

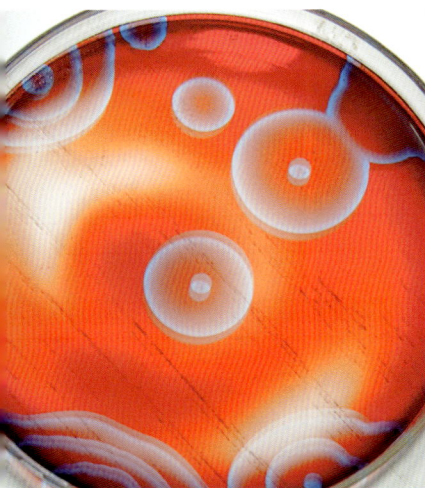

看到了吗？出现了令人惊讶的现象。左页中的照片是间隔 10 秒连续拍摄的。在这个实验中，溶液并没有像碘钟反应那样整体变色，而是出现了一圈一圈的波纹，相当于同一溶液的不同部分在同一时刻发生着不同阶段的变色过程。当波纹铺满整个培养皿之后，我们可以将整个溶液晃匀，看它再出现一次不同的波纹，直到其中产生的气泡越来越多，导致图案越来越混乱为止。这个实验称为溴的螺纹波实验，我们目前只能描述变色过程中每一步发生的反应，尚不能完全解释这种波纹产生的原因。

化学上没有永久循环的反应，但我们看到了振荡反应这种神奇的现象。虽然它所出现的独特循环不是永久的，但短暂的惊喜已经超出了我们的想象。

为火焰着色

大家可能会注意到，在燃气灶的淡蓝色火焰上撒一把盐会让火焰变黄，如下图所示。在用铜壶烧水时，火焰则会变绿。难道火焰的颜色和物质所包含的元素有关？19 世纪，化学家本生在他发明的本生灯上灼烧各种化学物质时发现了以下现象：含锶的物质在灼烧时会使火焰变红，含钠的物质在灼烧时会使火焰变黄，而含钡的物质在灼烧时会使火焰变成黄绿色，似乎每一种元素的火焰颜色都有其独有的特征。随着进一步研究，他和在同一个实验室中工作的物理学家基尔霍夫制作了世界上第一台光谱分析仪。这种仪器可以把光"拆分"成光谱，显示每种元素在火焰中更为精确的特征，从而确定一种未知物质所包含的元素。1860 年，他们在一份来自德国巴特迪克海姆的天然矿物质水的光谱中发现了两条之前从没见过的天蓝色谱线。经过研究，他们发现这种谱线源于一种新元素，并用拉丁文 caesius（意为"天蓝色"）将其命名为 cesium，中文名称为铯。铯是人们用光谱分析法发现的第一种元素。

这两张照片展示了向燃气灶的火焰上撒盐前后的景象，可以明显反映火焰在颜色上的区别。这是因为钠元素在火焰中可以产生极其明亮的黄色。

在初步检测简单物质的组成时，焰色实验仍然是一个很好的选择。右图中的这种仪器叫作酒精喷灯。使用时，首先打开右侧的空气阀，然后在下面的燃烧盘中加入少量酒精，再将其点燃。片刻之后，随着气体喷出的响声，上面的灯口便会喷出火焰。相对于常用的酒精灯，酒精喷灯的工作原理并不是直接点燃酒精，而是利用燃烧盘中的火焰加热中间的铜柱，将热量传到下面的酒精中使之汽化，再将汽化后喷射出来的酒精蒸气混合空气点燃。这会极大地提高酒精的燃烧效率，使火焰温度达到比酒精灯的火焰温度更高的水平。虽然这个温度不及本生灯的火焰温度，但足够我们做焰色实验了。

铂的焰色几乎为无色，所以一般焰色实验的规范操作是用铂丝卷起一些待检测的盐，再在火焰上进行灼烧，观察火焰的颜色。但是铂的价格太高了，因此该实验较为可行的做法是使用影响较小的铁丝代替铂丝。所以，我们只需要用铁丝卷起一些金属盐的固体，然后将其放在酒精喷灯的火焰上进行灼烧，就可以看到火焰颜色变成对应于不同元素的特定颜色了。

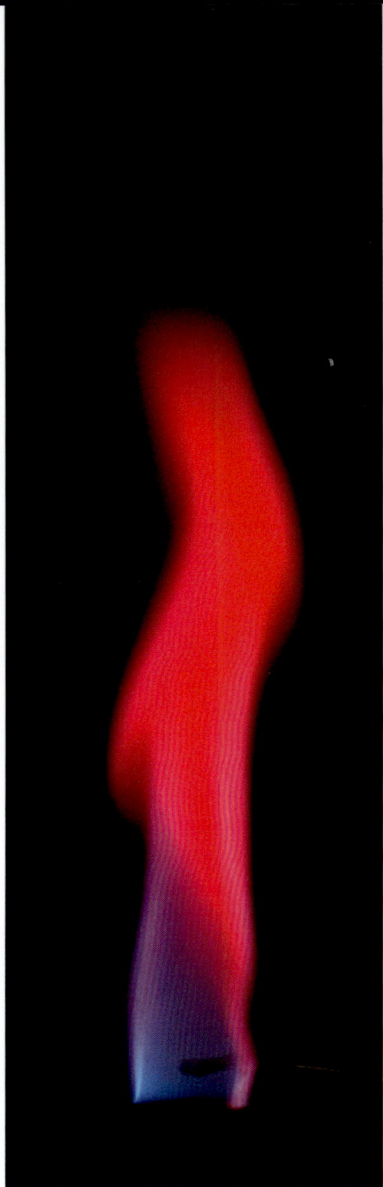

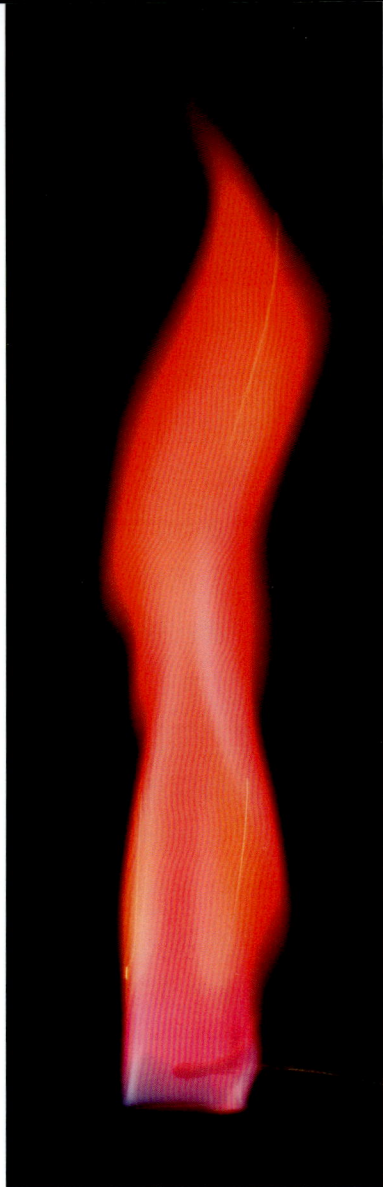

锂元素的焰色为紫红色，这组图片展示了乙酸锂固体在酒精喷灯上灼烧时的效果。我们可以从图中看到，灼烧时间导致的温度变化也会对焰色有轻微的影响。

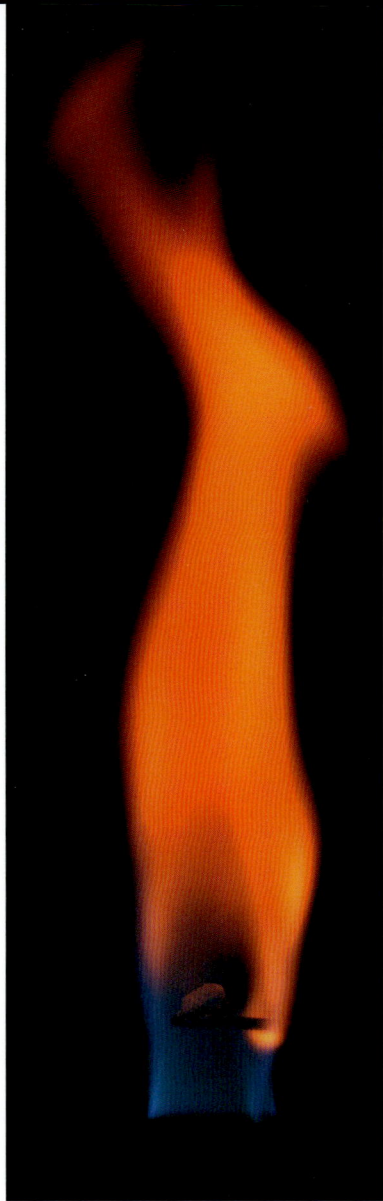

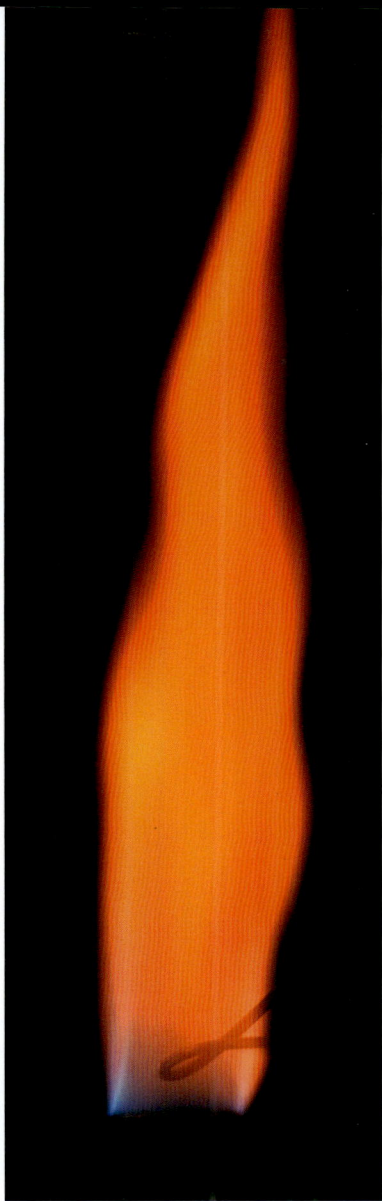

钠元素的焰色为明亮的黄色。当降低相机的感光度时，这种黄色火焰会稍微带一点橙色。有些老式路灯便是一种钠灯，它们所发出的黄色光芒和这里展示的一样。

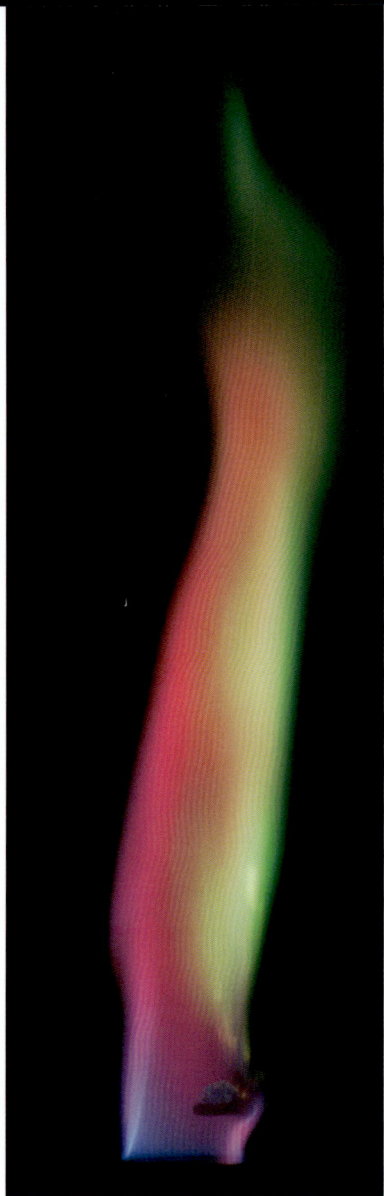

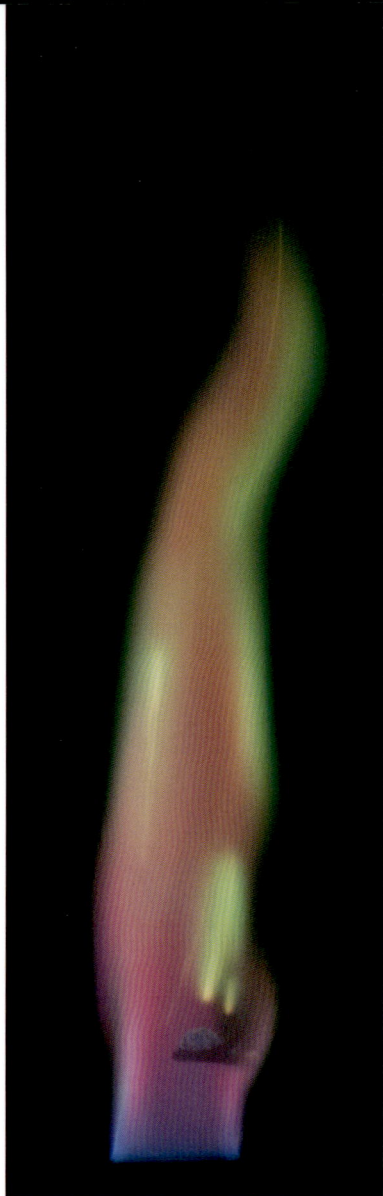

铜元素的焰色是绿色，这也是用铜壶烧水时火焰变绿的原因。这组图片展示了铜元素的焰色，其中的红色是之前残留的锂带来的影响。

钾元素的焰色是紫色。通常不纯的钾盐中含有钠杂质，从而使火焰变黄。所以，要想直接看到钾元素的焰色，必须使用高纯度的试剂，比如拍摄这组图片时所用的基准试剂。

焰色实验在日常生活中最常见的用途便是制造烟花。我们在一种可以剧烈燃烧的混合物中掺入各种有明显焰色的金属盐，可以制造出很漂亮的烟花效果。在 4 个铁盒中分别装入该混合物和锂、钠、钡、铜 4 种元素的盐，然后用普通的烟花引爆器将它们依次遥控点燃，之后便可以看到这 4 种元素将火焰染成它们所对应的焰色了。

说句题外话，后来我发现同时点燃 4 盒试剂来拍摄是比较蠢的，因为想让这 4 个盒子喷出的火焰同时达到最佳效果是一个概率极小的事件，这使得我在数次实验中很难找到完美的照片。

虽然我把焰色实验放在了这本主要讲化学的书里，但它是一种实实在在的物理现象。如果我们把一种元素比作一栋楼，那么这栋楼里的住户都是电子，而电子只能停留在不同的楼层上。也就是说，如果电子要从一个楼层跳到另一个楼层的话，那么它上升或下降的高度一定是一个固定的数字。对于不同的元素，这栋楼每一层的高度是不一样的。电子往楼上跳的时候会吸收能量，往下跳的时候会释放能量，而被释放的能量通常会以电磁波的形式发出。如果发出的电磁波是某种特定颜色的光，那么这便是这种元素特有的焰色了。

在 4 盒试剂被点燃的瞬间，我们看到了 4 种元素产生的不同火焰。锂元素对应于红色，钠元素对应于黄色，钡元素对应于绿色，唯一有点不同的是最后的铜元素。在前面的酒精喷灯灼烧实验中，铜元素的焰色是绿色，但为什么到这里时它的焰色偏蓝了呢？这是因为焰色反应除了和盐中的金属离子有关以外，有时还和其中的阴离子有关。前面所用的铜盐是氯化铜，这里用的是硝酸铜。同样会带来影响的另一个因素是温度。这里所能达到的温度比前面直接灼烧时的温度高得多。因此，综合来看，铜离子同时受到阴离子种类和温度的影响时，它的焰色也变得有所不同了。

透过这里的火焰，我们便要进入新的一章了，大家将看到化学中最为剧烈的一面。**因此，在即将到来的这一章中，禁止擅自做所介绍的一切实验，切记！**

化学之烈

所有的化学反应
都伴随着能量的变迁。
酸碱相遇只是放热，
但强氧化还原
将带来暴戾的盛宴。

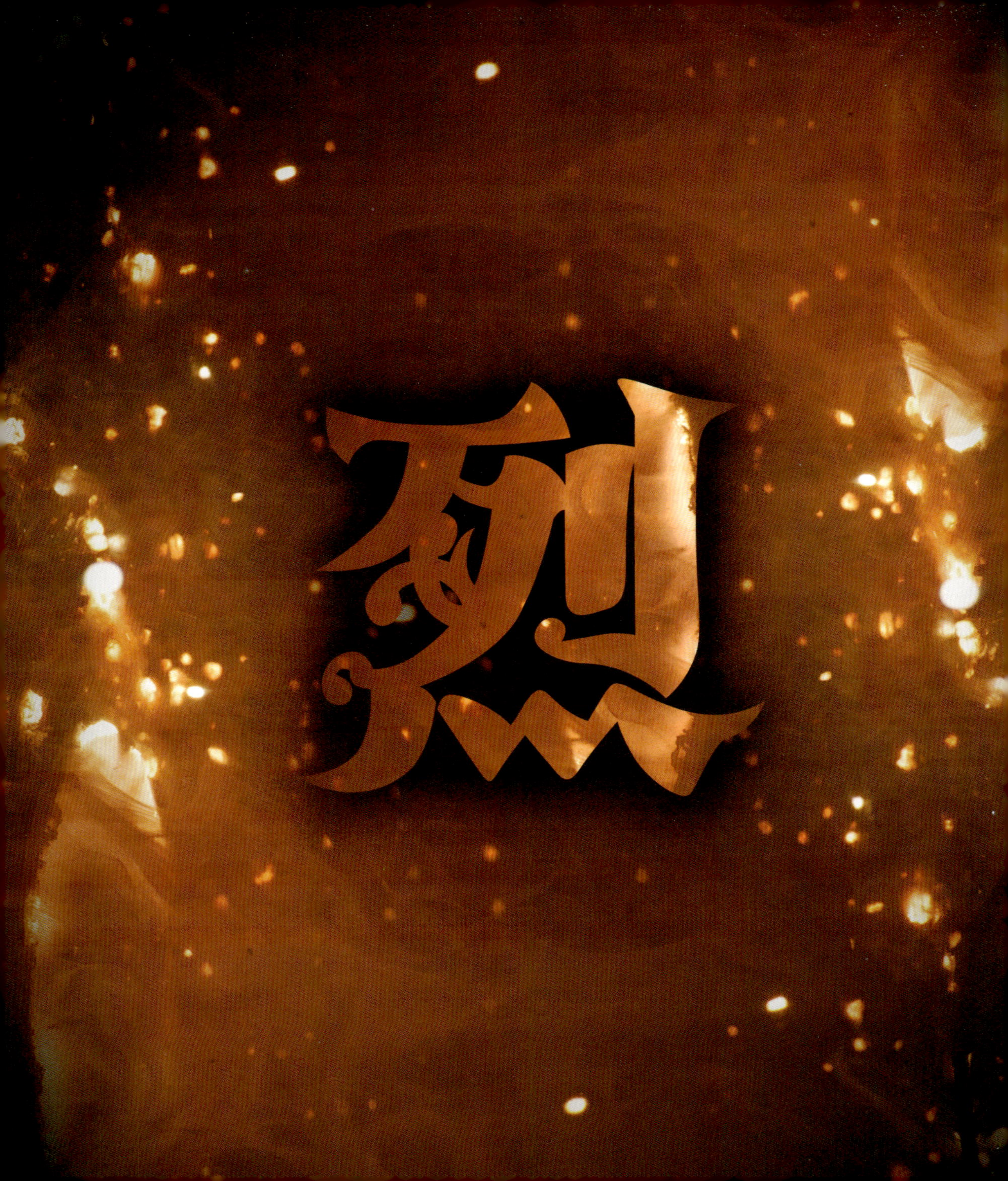
烈

颠覆认知的金属元素

现在，马上说出你心中关于金属的几个关键词。你说出的词可能有"坚硬""稳定""保护作用"等。没错！这些词确实涵盖了一些金属的特点，但不是所有金属的特点。

我们对事物的认识主要源于生活，因此这几个关键词所描述的金属更接近铁这种最常见的金属。制造不锈钢所用的铬、制造窗户所用的铝以及曾用作货币的金、银、铜等在日常生活中被称为金属的东西都有这样的特点，所以一般情况下，在生活中用上述这些词来描述金属也就顺理成章了。

然而在化学上，"金属"这个概念有着更大的范畴，所以接下来的内容可能会彻底颠覆你对金属的认知。在这一节中，我们就来认识一些不坚硬、不稳定甚至可能伤到你的金属元素吧！

锂是一种银白色金属，在碱金属元素家族中排在最上面。它是密度最低的金属元素，其密度大概只有铁的 1/14。相对于其他碱金属，锂的活泼程度看似稍差，但它会轻易地与空气中的氮气发生反应。锂在自然界中主要存在于锂辉石与锂云母中，广泛地用于制造锂离子电池等。

Li

锂³

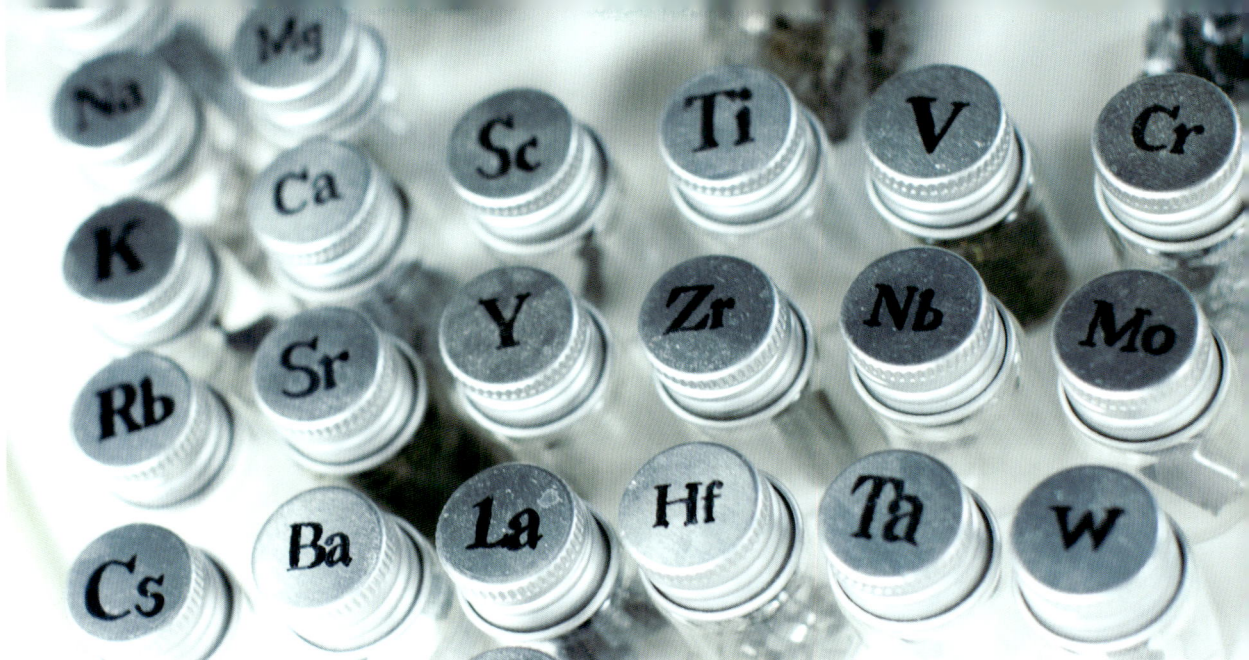

　　在元素周期表中，带有金字旁的元素全部都是金属元素，而且这90多种金属元素的性质千差万别。最左边的一列元素称为碱金属元素，碱金属元素包括锂、钠、钾、铷、铯和钫。除了由于具有放射性而只能存在很短时间的钫以外，剩下的5种就是我们的主要研究对象了。它们是元素周期表中最活泼的金属元素，活泼程度从锂到铯依次递增。这些物质连空气都碰不得，空气中的氧气甚至氮气都会与它们自发地发生反应，使得这些金属表面迅速变暗甚至自燃。不仅如此，它们还会与水发生剧烈反应，放出氢气并生成相应的强碱。

这就是碱金属这个名称的由来。正是这种极强的反应能力决定了这一系列元素在电池工业中发挥巨大的效用。锂离子电池已经不是一个陌生的词，它是由爱迪生提出并在今天得到广泛应用的一种电池，具有能量密度高、重量轻、使用寿命长等显著优点。正是锂离子电池的出现为我们带来了一个可充电的世界，几位科学家因锂离子电池的相关研究而获得了2019年的诺贝尔化学奖。近期世界各国对于钠离子电池的研究也有了进展，也许在不久的将来，钠离子电池会成为一个新的主流。

钠 ^{Na}

11

钠是一种银白色金属，是碱金属元素家族的代表。与其他碱金属元素一样，钠很软，可以用小刀切割。它的化学性质非常活泼，在空气中会与氧反应而使表面变暗，所以我们不得不将它放进煤油中隔绝氧气保存。

　　钠与水的反应要比锂剧烈得多。由于反应放热，97.82摄氏度的熔点决定了钠会在反应中熔成液态。同时，它的密度小于水，所以在反应发生的时候，你会看到灰色小球在水面上四处游动，并在与水接触的地方咝咝作响，放出氢气。如果钠的体积稍大一些，则会引起爆炸，爆发出钠所特有的黄色火焰，如上图所示。

　　这里扩展说明一下钠以及排于其后的其他碱金属为什么会在反应过程中发生爆炸。除了碱金属自身的反应能力以外，另一个因素曾被公认为氢气的聚集：钠与水剧烈反应后产生的氢气聚集起来被钠点燃，然后发生爆炸。但是随着2015年初一份文献的发布，这一解释得到了修正。碱金属与水反应时，在接触水的一瞬间，会大量释放出自己的电子。电子带负电，因此在释放出大量的电子之后，碱金属将无法束缚其内部的正电荷，继而由于电斥力而发生爆炸。这种爆炸称为库仑爆炸。

大量的钠与水发生反应时，钠在水面上游动、燃烧，并发生爆炸。然而这些钠太"自由"了，我们用相机捕捉它们的身影还是有点困难的。在提前预备大量钠的情况下，我们经过多次失败后抓拍到了这些美丽的瞬间。

钾是一种银白色金属，表面通常会有一层淡紫色氧化物。它的化学性质活泼，以至于它与水反应时会在很短的时间内发生爆炸。钾很软，软到像橡皮泥一样可以塑形。当然，这不代表我们可以用手抓着它玩，否则它会将你的手严重烧伤。

19

K 钾

从钾与水发生反应所产生的爆炸中，可以看到钾特有的紫色火焰。

通常钾与水的反应包括以下 3 个阶段：整块燃烧，发生爆炸，形成紫色"珍珠"。

铷是柔软的银白色金属，在碱金属元素家族中排在第四位，可在受到光的照射时发射出电子。铷和铯一样，也是由本生和基尔霍夫用光谱分析法发现的。

37
铷 Rb

铯 Cs
55

铯是柔软的金色金属，是元素周期表中最活泼的非放射性金属元素。铯遇水时会发生剧烈反应，而且在空气中会自燃，因此通常保存在真空硬质玻璃管中。

由于铷和铯是被密封在硬质玻璃管里保存的，所以我们需要将玻璃管砸开，才能让它们与水发生反应。我选择用一根钢管来做这项工作，唯一没考虑到的是所使用的水槽底部太脆弱，钢管落下时将它砸碎了。但好在两种金属在接触水的瞬间就与水发生了反应。右上图是铷与水的反应，右下图是铯与水的反应。

看到这两张照片，大部分读者一定会心生疑惑。按理说，铷与铯和水的反应的剧烈程度应该远高于前面介绍的3种碱金属，但是从这两个图上看上去不是这样。实际上，碱金属与水的反应的剧烈程度确实是递增的，铷和铯在遇到水的一瞬间便发生了爆炸。但是由于二者的密度大于水，所产生的火焰与炸开的金属都被压在了水下，从而造成了这种看起来不太剧烈的效果。

56

钡

Ba

钡属于碱土金属元素，是非放射性碱土金属中最活泼的。钡在空气中会被缓慢氧化，生成氧化钡。钡也会与空气中的氮气发生反应生成氮化钡。它在自然界中主要存在于重晶石中。钡的硫酸盐即为医学上用于 X 光显影的钡餐。

元素周期表中碱金属右侧的那一列元素称为碱土金属。这组金属也具有极强的反应能力，但是与碱金属相比则弱了许多。我们将非放射性碱土金属中最活泼的钡放入水中后，它只是在水中冒出了大量气泡，就像右图所展示的那样。最活泼的碱土金属都只是这样的话，其他碱土金属就更不必说了。排在碱土金属这一列最上面的铍甚至几乎不与水发生反应。此外，镧系元素中的镧、铈与铕也具有类似的现象，但是这部分元素的情况讨论起来稍微复杂一些，因此这里就不展开讨论了。

　　根据金属自身的性质来增强反应效果这条路线貌似已经走到头了，接下来该怎么办呢？我们可以从反应条件入手，比如大部分化学反应是吸热反应，因此我们可以通过加热来提高物质的温度，或者更直接一点，用火焰将它们点燃。

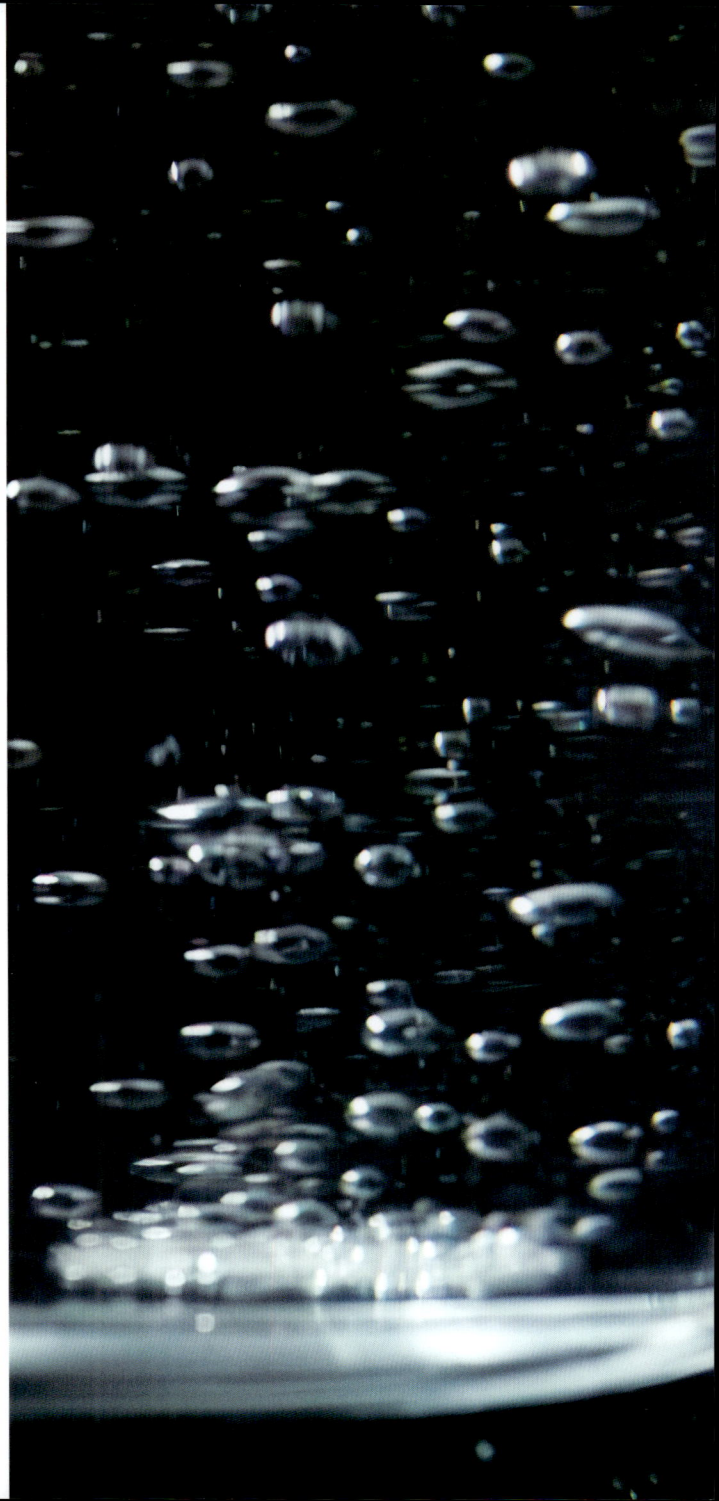

锶

Sr

38

锶位于碱土金属家族自上而下排列的第四位，活泼性次于钡。它的名称源于它的发现地——英国的一个小村庄斯特朗申。锶广泛分布在土壤及水里，富集于天青石中，燃烧时会发出洋红色火焰。锶还是一种人体必需的微量元素，可以防止动脉硬化和形成血栓。

高温下的金属

　　正如前面所说，我们对于事物的认识来自生活，对于金属的印象也来自我们日常所见的金属。在无数的化学反应之中，温度一直是一个常见的条件。在我们所熟知的世界中，很多现象是发生在常温下的，甚至许多定律也只适用于常温环境。如果我们通过外界干涉使反应温度超过了常温，又会出现什么现象呢？

　　在低温下，很多金属会变脆，更容易断裂，而在几百摄氏度甚至上千摄氏度的高温下，由于金属原子的运动加速，金属又变得容易延展，因此锻造的时候我们会将金属烧得通红。从化学角度考虑一下，氧化铁是存在的，但我们常见的铁在高温下被烧得通红时不会燃烧起来。这是因为金属的良好导热性将热量传递走了，还因为金属与空气的接触面积太小，导致氧气相对不足。如果我们能够同时解决这两个问题，铁也是可以燃烧的。事实的确如此，而且解决方案异常简单——只需要往火焰上撒一些细腻的铁粉，如右图所示。

实验中所用到的铁粉全称为还原铁粉，通常是使用氢气还原四氧化三铁制得的，其结构十分疏松，再加上它本身就是粉末，因此表面积极大。所以，这种粉末在空气中能被轻易点燃也就不难理解了。它甚至可以直接吸收空气中的氧气和水，因此也被用作食品脱氧干燥剂。

同样的实验，我们还可以使用金属镁的粉末去做。事实上，镁的反应能力要比铁强得多。铁条不能在空气中点燃，但镁条可以。镁在燃烧时会发出含紫外线的强烈白光并大量放热，生成氧化镁白烟。如果往火焰上撒一点镁粉，最明显的效果是一小团白烟伴随着的明亮的白色火花。如果一次撒上太多镁粉的话，等待你的就是一个亮到让你眼前一黑的巨大光团了。

镁 Mg

12

银白色的金属元素镁可以生成美丽的羽毛状晶体，这是由它的微观结构决定的。镁高度易燃，在燃烧时会发出耀眼的白光并放出大量的热，因此被用于制造照明弹和闪光弹。它的粉末形态也因此变得极为危险。

考虑到镁粉自身的特性，向酒精灯上撒镁粉实际上是一件极其危险的事情。一次撒上太多镁粉时，产生的强光可能会造成围观者短暂失明，而且高温下四处飞溅的熔融的镁可能会炸裂酒精灯引发火灾。燃烧着的镁不能用常规手段扑灭。**所以，在没有采取充足的防护措施和专业人员陪同时，请不要随意做这个实验。**

适量的镁粉可以产生很棒的效果：酒精灯的黄色火焰、镁燃烧时发出的耀眼白光、被光照亮的氧化镁白烟以及后面落下的多余镁粉将给你带来一场视觉盛宴。

　　由上述实验可见，高温下的金属具有很强的反应能力。这种能力不单单表现为金属直接与空气中的氧气发生反应，其他一些看似平和无害的物质也会参与到反应中来。比如，我们混合铝粉与三氧化二铁粉末，然后用燃烧温度相对较高的镁带点燃，便会出现上图所示的壮观效果了。这便是著名的铝热反应。

　　三氧化二铁实际上就是铁锈的主要成分。在日常生活中，铁锈除了容易把东西染成红色以外，其性质稳定得很。即便三氧化二铁很稳定，高温下的铝仍会从三氧化二铁中抢走氧元素，将铁还原出来。这个放热反应甚至可以产生上千摄氏度的高温，足以将铁熔化成液态，因此这个反应曾用于焊接铁轨。我们在上图中可以看到未点燃的混合物、飞溅的铁水以及氧化铝浓烟。

由于铝热反应很好地展示了铝的化学性质，因此在大多数化学课本中，这个反应都会被作为课堂演示实验。这也让铝热反应成为了中学阶段学生公认的最壮观的实验之一（同等地位的还有前文提到的碱金属与水的反应）。在课堂上演示的时候，老师一般会用滤纸折一个纸漏斗，在里面加入少量铝热剂，然后将其放在铁架台上，在下面准备一盆沙土来承接生成物。点燃铝热剂之后，我们可以看到火星四溅、浓烟滚滚，一大团熔融的铁会掉在沙土上。我们可以由此逆推发生了什么样的反应。

这本书的重点不是介绍化学反应的具体原理，所以我在这里不打算写出整个实验的细节。为了让你更直观地感受铝热反应的威力，我专门在一片空地上拍摄这些照片。这么大规模的爆炸，显然也不可能在教室或者实验室中完成。这里呈现的最终反应现象足够壮观，可以满足大多数人对剧烈实验的想象。

　　所谓的铝热反应指的并不是某个单一的反应，而是一类反应。不只是前面用到的三氧化二铁，大部分在高温下的反应能力不如铝的金属的氧化物都能参与这种反应。比如，上图所示的是二氧化锰与铝粉的反应，这个反应也是铝热反应的一种。铝在这类反应中扮演的都是夺走氧元素的角色，从而把原来呈化合态的金属还原出来，因此我们称铝具有还原性，是一种还原剂。

自 燃

在日常生活中该如何看待燃烧这种现象呢？也许你知道，燃烧必须具备三个要素，它们分别是燃料、氧气和一定的温度。由于燃烧后的东西和燃烧前的完全不同，所以燃烧是一种化学现象。在化学上，我们会接触很多在日常生活中不常见的东西，所以自然需要将燃烧的三要素扩充一下，那就是可燃物、氧化剂与着火点。

可燃物是指可以燃烧的东西，着火点是指燃烧所需的最低温度，那么氧化剂是什么呢？结合前面所说的三要素来看，它的功能应该是助燃。这个猜想是否正确？

我们选择一种氧化剂来看一看吧。

首先我们找来一团棉花，用这种常见的易燃物质作为可燃物。接下来，我们选择淡黄色的过氧化钠粉末作为氧化剂，将它撒在棉花团里，然后将棉花团放在下图所示的铁盘里。最后让棉花达到着火点，它就可以燃烧了。

不过在这个实验中，我们并不需要用火直接将棉花点燃。过氧化钠有一个神奇的特性，使得我们在点燃这团棉花时，只需要通过一根管子对着这团棉花长长地吹一口气就行了。

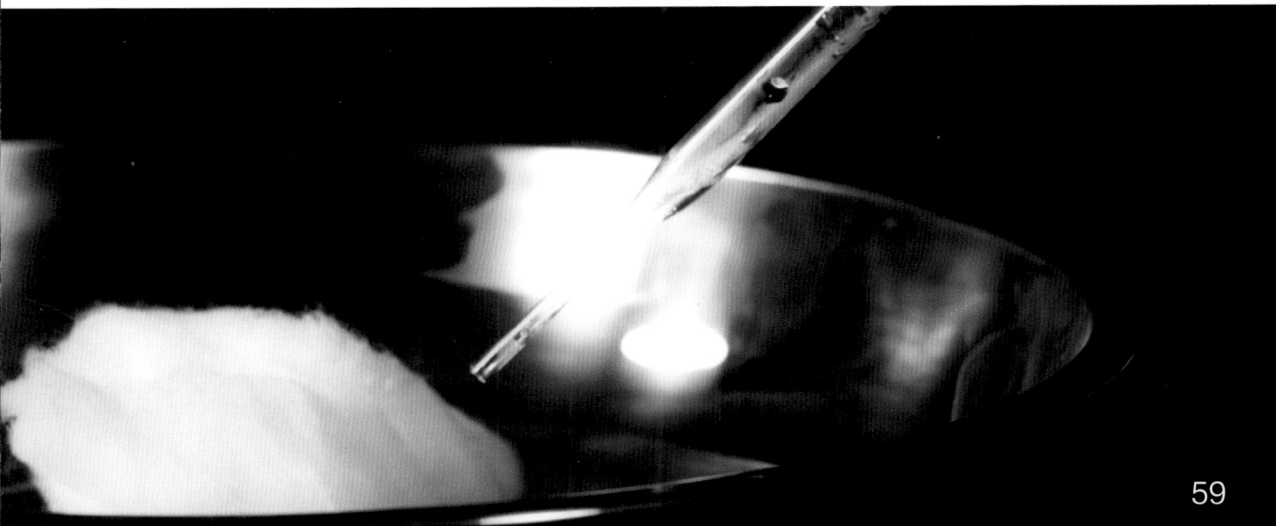

在一小团撒有过氧化钠的棉花上吹一口气就可以制造一个大火球，这是因为过氧化钠可以同时与我们吹出去的水蒸气和二氧化碳发生反应并产生一定的热量。当积累的热量达到棉花的着火点时，兼作氧化剂的过氧化钠就会在瞬间将这团棉花点燃。由此看来，氧化剂确实起到了助燃作用。

实际上，这里用到的过氧化钠是一种强氧化剂。除了棉花，它甚至能让乙醇（即我们俗称的酒精）直接燃烧起来。

找一片空地，然后在一个铁制容器中加入大量过氧化钠，接着倒入同等体积的无水乙醇，快跑！操作无误的话，用不了多长时间容器就会喷出熊熊火焰。

这是因为作为强氧化剂的过氧化钠会氧化乙醇，生成一系列物质。和之前的吹气生火实验一样，这个反应也会放热。当整个反应体系的温度达到混合物内最易燃物质的着火点时，整个反应体系便被引燃了。此时，作为燃料／还原剂的乙醇已与过氧化钠混合，其中易挥发的可燃成分也与空气混合。几秒后，整个反应将达到高潮。

筒状容器会让反应发生得更快，甚至出现一团急速上升并瞬间膨胀的火焰，如右图所示。这是由可燃物蒸气引发的爆燃，非常危险。

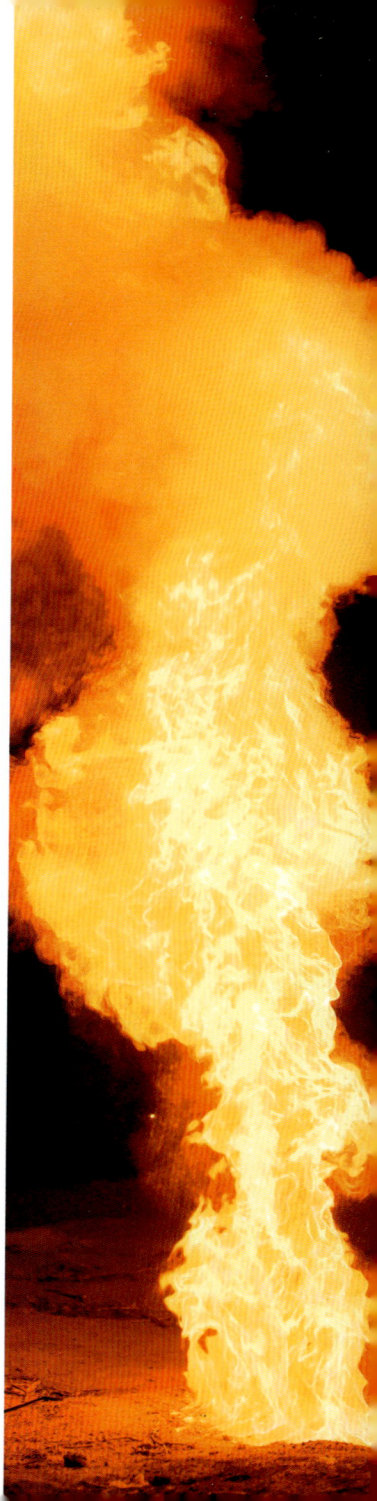

从这个反应的细节中，我们可以清晰地看到被喷出的固态过氧化钠（火焰中的暗块）、被抛射出的熔融态过氧化钠（带着尾巴的"流星"）、作为主要燃料正在燃烧的乙醇与反应中生成的其他可燃物。过氧化钠作为含钠的化合物也充分展示了前文提到的钠元素特有的黄色焰色，在这个实验中使火焰彻底变黄。过氧化钠在高温下也会变得极其活泼，以至于在这个实验中，混合物开始燃烧之后，大部分乙醇与其氧化产生的有机产物会被直接氧化为水和二氧化碳释放出去。我们在前一个实验中说过，过氧化钠可以同时与水和二氧化碳发生反应。实际上，这个过程同时也会释放氧气。因此，这个反应会持续较长时间。

　　另外，火焰是流体，没有固定的形状，因此在实验过程中所产生的火焰会在拍照时随机呈现出一些有趣的形状，如右页中的照片所示。

硅是一种非金属元素，是地壳中除氧之外储量最丰富的元素，曾被音译为"矽"。随处可见的沙子就是它的氧化物二氧化硅。硅是重要的半导体材料，在电子工业中有着不可替代的作用。这里展示了一块多晶硅。

Si

14 硅

现在回看本节开头提到的燃烧三要素，氧化剂起到的是助燃作用，那么可燃物呢？在本章第一节中，我们说铝具有还原性。在这里扩展一下，可燃物的这种可以燃烧的性质可以称为还原性。在空气中点燃金属，可以看作具有还原性的金属与具有氧化性的氧气发生了化学反应。在前一个燃烧实验中，具有还原性的乙醇与具有氧化性的过氧化钠发生了反应。对于这一类反应，我们可以将它们统称为氧化还原反应。

对于实现自燃，换个思路考虑，除了提高氧化剂的等级以外，提高可燃物还原性的等级也能达到同样的效果。比如，如果通过热分解法刚刚制得的铁粉突然暴露在空气中，它会立刻与氧气发生反应，放出热量，变成红色的氧化铁，甚至直接烧起来，冒着火星变黑。

硅在元素周期表中位于碳的下面。对应于俗称沼气的甲烷（其分子由一个碳原子和 4 个氢原子构成），有一种叫作硅烷（其分子由一个硅原子和 4 个氢原子构成）的物质。这种物质有个特点，就是不能遇到空气，否则它就会马上燃烧起来。因此，这种物质只能现用现制。在一个玻璃缸中加入酸，再来一勺硅化镁，便出现了下页照片中的效果：硅化镁在酸中冒出硅烷气泡，气泡在水面上破裂后燃烧起来。

顺带提一下，硅化镁并不是硅酸镁，这是两种不同的物质。请不要根据个人经验强行解释冷门物质，毕竟化学物质有一套通用的规范命名法则。

硅烷在空气中燃烧时会产生水和二氧化硅浓烟，而生成的镁离子会产生胶体或沉淀，从而使溶液浑浊。硅烷在燃烧时也会发出噼里啪啦的响声。过了最初火花四溅的阶段后，这个反应会变得十分平静，悄悄冒泡，偶尔发出一声爆鸣。实验完毕后，你拿着反应容器去清洗的时候，可能会由于手中的溶液突然发出响声而心中一惊，失手将容器打碎。

　　从美的角度来说，在化学反应中不难看到宇宙的样子。下面两页中的 4 幅图就好像星体的诞生、汇聚、燃烧和爆发。

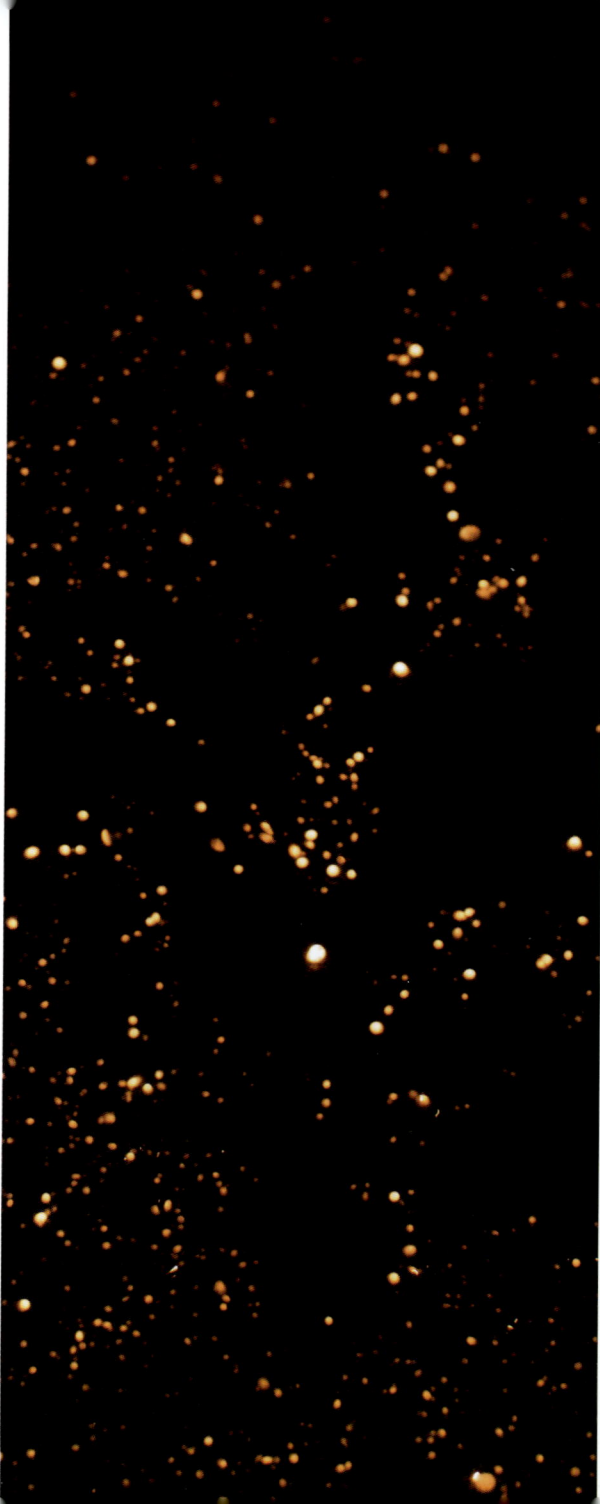

76

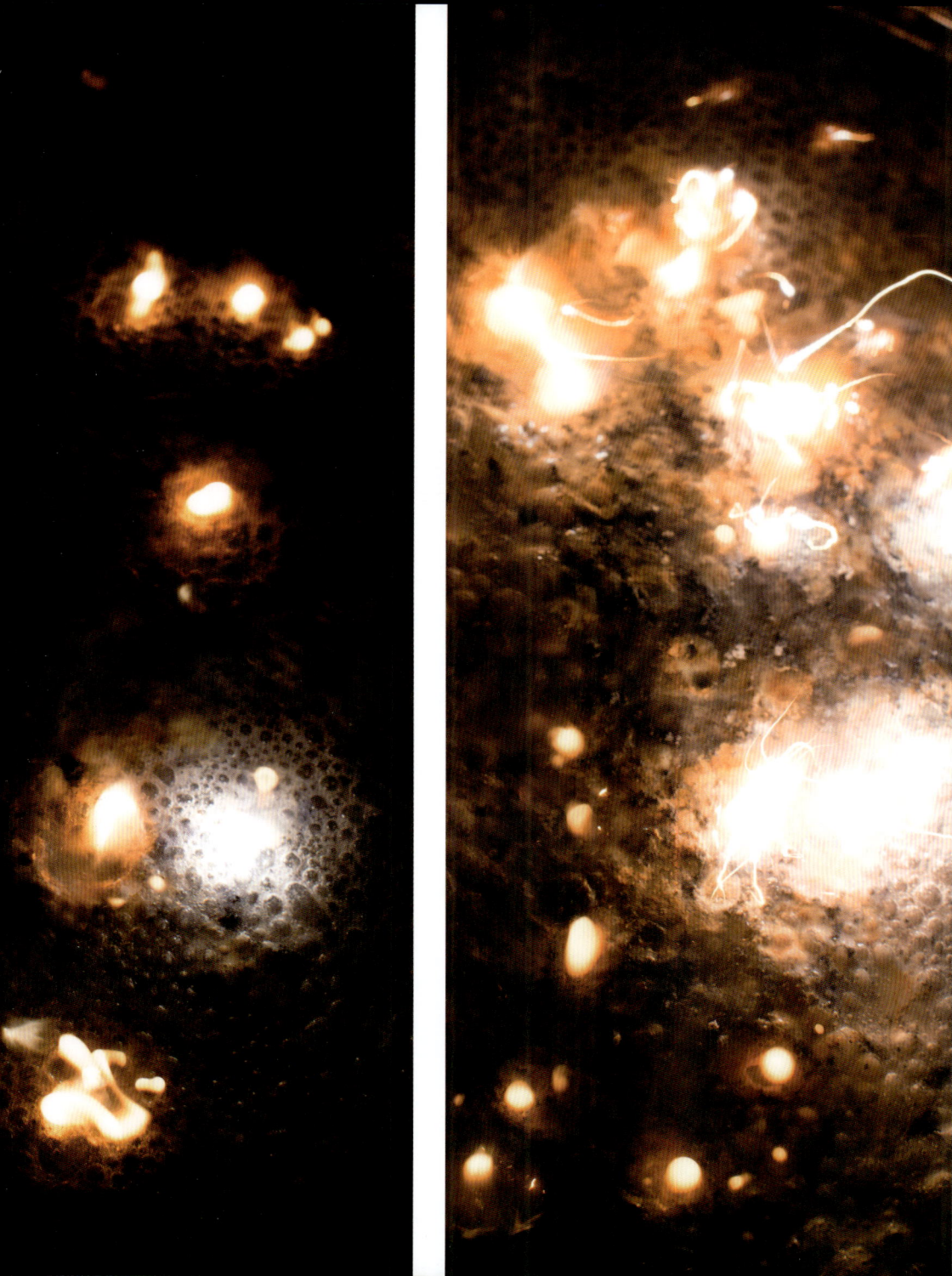

两个极端的碰撞

　　就和本书一开始提到的酸与碱这两个对立的概念一样，氧化剂与还原剂也是这样的一对组合。在本章前两节中我们提到的金属都属于强还原剂，在上一节中我们又介绍了强氧化剂。正如大家想象的那样，当这两个极端相遇时，剧烈的反应就在所难免了。

　　右图所示为高锰酸钾固体与过氧化氢的反应。只要在装有 30% 过氧化氢溶液的锥形瓶中放入一小点高锰酸钾固体，就能造成这样的效果。这个反应会在瞬间生成氧气，并释放出大量的热量。在这个过程中，氧气会带出一部分水，而释放出的热量也会加热溶液，直至沸腾，从而在视觉上造成水汽喷涌而出的效果。实验中用到的高锰酸钾就是一种强氧化剂，它过去在药店中作为一种消毒剂出售，只需两三粒就可以将一大杯水染成紫色。由于这种物质具有一般的强氧化剂所具有的所有危险性，因此现在我们在大城市的药店内已经很难见到它的踪影了。

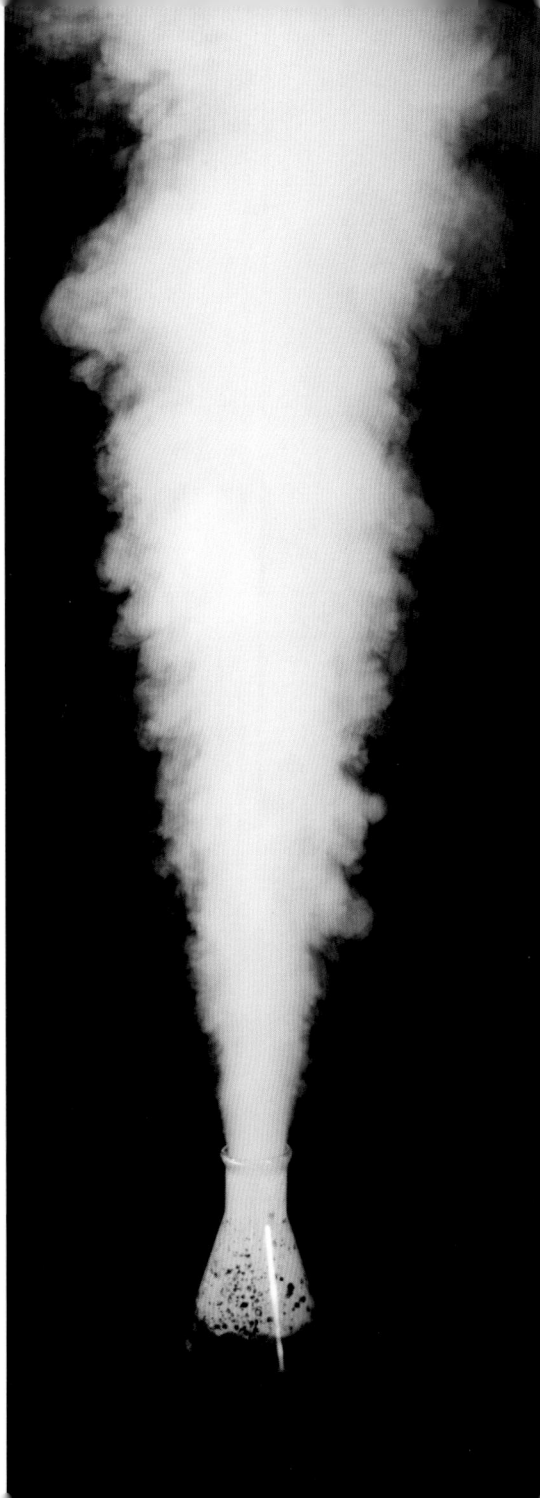

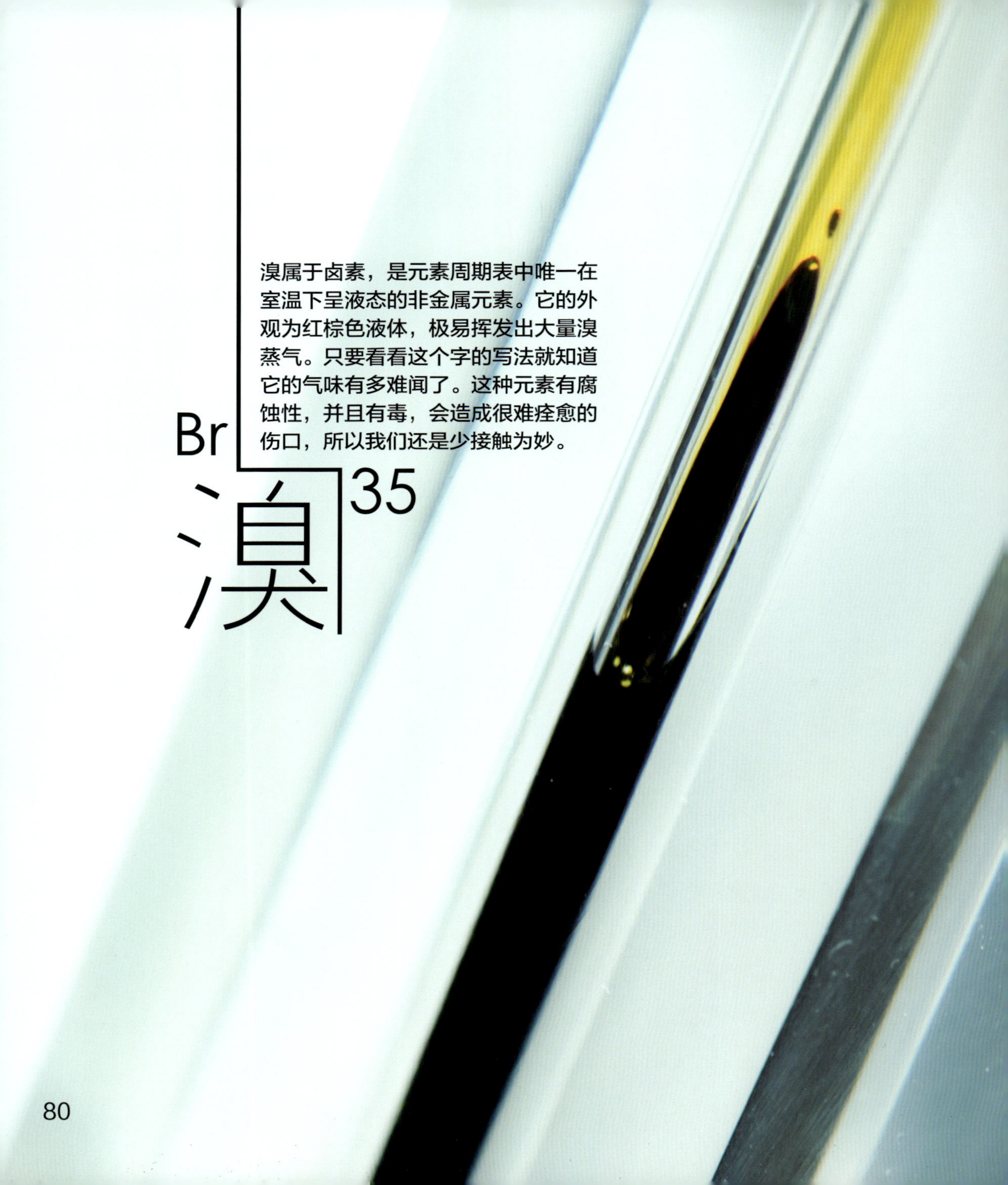

Br

溴属于卤素，是元素周期表中唯一在室温下呈液态的非金属元素。它的外观为红棕色液体，极易挥发出大量溴蒸气。只要看看这个字的写法就知道它的气味有多难闻了。这种元素有腐蚀性，并且有毒，会造成很难痊愈的伤口，所以我们还是少接触为妙。

溴 35

元素周期表中从右往左数第二列的元素称为卤素，包括氟、氯、溴、碘这4种元素，以及在化学中一般不考虑的具有放射性的砹和础。它们是元素周期表中氧化性最强的一类元素，可以轻易与元素周期表内的大多数元素甚至它们的同族元素发生反应。因此，在自然界中，卤素通常会和其他金属形成稳定的盐类并在海水中富集。其中，氟是所有元素中氧化性最强的，以至于除了各国的顶尖化学实验室外，我们在其他地方几乎很难见到氟气。它会和几乎所有物质发生反应，并让它们燃烧起来。卤素的其他元素也都是性情暴戾的角色，比如上一页中介绍的溴。

　　右图展示的这个实验是著名的"溴巫师"实验，即液溴与铝箔的反应。在试管内装入少许溴并加入一团铝箔，我们将看到反应会在十几秒后开始。由于这个反应放热，因此它会先喷出大量有毒的溴蒸气，从而为没有浸入液溴中的铝提供反应氛围，接下来便是火花喷涌的壮观景象了。**吸入溴蒸气会造成非常难受的呼吸道灼伤并持续数小时，所以大家千万不要轻易尝试。**

氯是卤素的代表元素，在室温下是一种
黄绿色气体。我们可以在这根玻璃管中
看到液态的氯完全是因为管内极高的
压力。和其他卤素一样，氯气也有强氧
化性，而且有毒，它在第一次世界大战
的战场上曾作为毒气被使用过。

17

Cl 氯

氯是一种很常见的元素。举个例子，海水中就含有大量氯离子。将海水晒干提纯之后可以得到食盐，这些食盐即为氯化钠。氯在元素周期表中排在卤素的第二位，其单质具有强于溴的氧化性。

由于氯气本身较难控制，而且相关实验的视觉效果不太理想，因此我选择了一种可以体现氯元素氧化性的物质氯酸钾来做下面的实验。氯酸钾是一种危险性丝毫不亚于氯气本身的物质，它可以把可燃物变成易燃物，把易燃物变成易爆物。在第一章中"为火焰着色"一节的最后，我们就使用了氯酸钾和葡萄糖的混合物作为焰色反应的基础物质，点了几个小烟花。在没有其他离子的焰色干扰时，这种混合物在燃烧的时候会出现左图所示的效果：正在和氯酸钾反应的葡萄糖产生明亮的火焰，自主燃烧的葡萄糖产生较暗的火焰。

在接下来的实验中，我们会让这种强氧化剂与许多具有还原性的物质发生反应，让大家一起来感受这种两个极端的碰撞。

首先出场的"受害者"是镁粉。在这里为了进一步突出氯酸钾的氧化能力，我们会让镁粉与氯酸钾进行两次不同的反应：一次是二者不混合的反应，另一次是二者混合后的反应。

如上图所示，将氯酸钾粉末均匀覆盖在镁粉表面，点燃作为引线的镁条后迅速退到远处，便可以看到右图中这朵明亮的蘑菇云了。反应会产生氧化镁与氯化钾混合在一起形成的大量白色浓烟，浓烟被镁燃烧时所发出的耀眼白光照亮时，也会对光线起到很好的散射作用。

火焰熄灭之后，会留下右图所示的一堆明亮的熔融物。然而此时反应实际上并没有结束，只是生成的氧化镁覆盖在熔融物表面，起到了隔绝氧气的作用，让反应看似终止了。这个时候只需要找一块石头向这团东西砸过去，使内部没有反应完的镁暴露出来，便可以让氧气作为补充的氧化剂与镁粉继续发生反应，如下图所示。

上图铁盘中进行的实验是用氯酸钾与镁粉做的第二个实验。这次我们将二者充分混合，然后用镁条点燃。上一次没有混合二者导致镁粉燃烧时氧化不足的问题将得到解决，这一次反应会更充分，出现更壮观的场面。在反应开始的瞬间，我用相机捕捉到了右图所示的这朵明亮的蘑菇云。那么，它接下来会如何"生长"呢？

由于这一次的氧化剂与还原剂得到了充分混合，因此在混合物被点燃的瞬间，全部物质几乎在同时发生了反应，让这朵明亮的蘑菇云瞬间膨胀了数十倍并冲向天际。在这个瞬间，大家可以看到带有燃烧着的镁颗粒的烟尘就像缀满漂亮钻石的婚纱。

这是反应过程的最后一张照片，我们将这张照片旋转了 90 度。你看到了什么？像不像宇宙的一隅？我们看到的景象如同闪烁着繁星的银河一样，这便是化学反应的魅力所在。

93

硫

16

S

硫俗称硫黄，是一种黄色的非金属元素。硫易燃，会产生二氧化硫（形成酸雨的主要成分之一）。燃放烟花爆竹时闻到的特殊气味就源于此。硫是蛋白质的重要组成元素之一，对生命活动具有重要意义，其含氧酸硫酸是极其重要的酸之一。

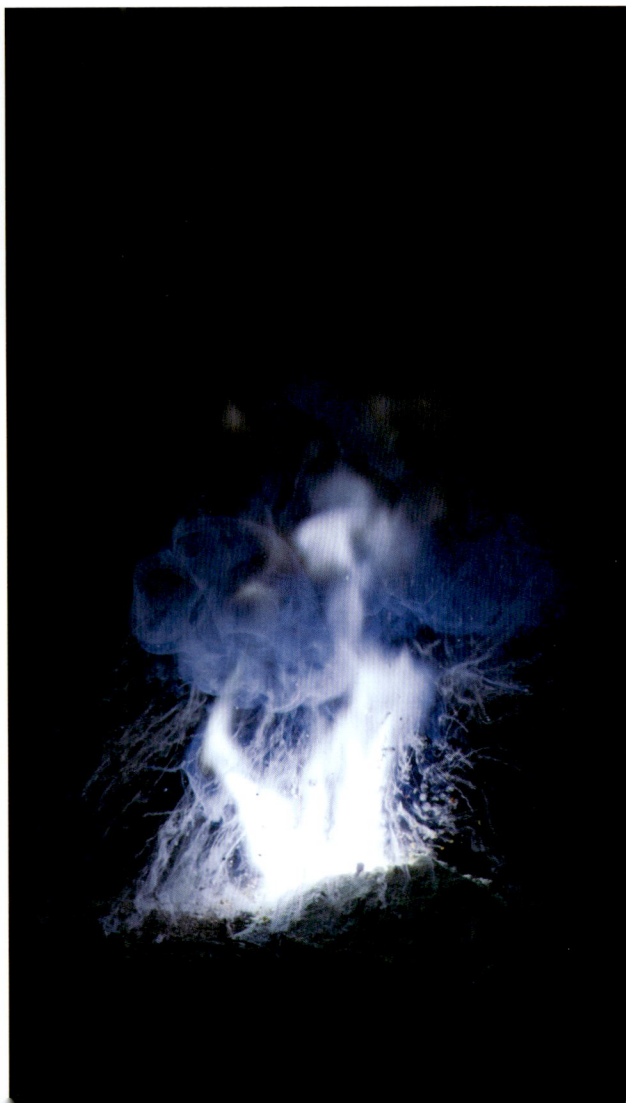

如上图所示，在没有氯酸钾存在的情况下，点燃后的硫会安静地燃烧，产生明亮的淡蓝色火焰，并释放出刺鼻的二氧化硫气体。如果将硫与氯酸钾混合点燃，硫便会在强烈的氧化过程中剧烈燃烧起来，产生明亮的蓝紫色火焰。图中的烟来自氯酸钾在反应中产生的氯化钾。

15

磷

磷 P

磷是一种极其易燃的非金属，其常见形态有红磷和白磷两种。白磷又称黄磷，该物质有剧毒，会在空气中自燃。而红磷则无毒，可用于制作火柴。磷还是生命体中的重要元素，几乎会参与生命体内的所有化学反应。

警告！氯酸钾与红磷的反应是应该绝对禁止的，甚至连二者的混合都应绝对禁止！这个实验在被人传到网络上之后，已经造成了数十起因模仿不当而发生的伤亡事故。可能听我这么说，大家会觉得危险源于二者点燃后会发生像氯酸钾和镁粉的反应那样的爆炸。爆炸不假，但这一次的危险并不始于点燃，而始于实验最开始二者相接触、混合的时刻。

在二者混合的过程中，反应随时都可能毫无预兆地发生。说不定在你将二者倒在一起或搅拌的时候，它们就会突然开始发生反应，给你一个后果严重的小惊喜。至于后果有多么严重，你可以再去看看之前介绍的氯酸钾与镁粉的反应，回顾一下两种反应物混匀与没混匀的差别。为什么会出现这么严重的后果呢？对此最简单的解释是，在微观层面上，氯酸钾分子和红磷分子几乎可以无缝对接，所以稍微有一点力施加上去时，它们就开始爆炸式燃烧了。燃烧起来的磷会变得黏黏的，甚至粘在其他东西上燃烧。另外，这种火焰还不宜扑灭，因为燃烧中的磷被熄灭后会生成剧毒的白磷。

上图为氯酸钾固体与红磷撞击的瞬间。结合这幅图，再看看上面的描述，大家应该知道为什么做这个实验容易出事了，这个景象如果出现在手里，可一点也不好玩。

红磷的分子结构到现在还没有被化学家们搞清楚，这在一般人看来可以算得上一桩奇闻。红磷的着火点只有 240 摄氏度，这决定了它虽易燃，但相对安全。红磷燃烧时会产生大量五氧化二磷白烟，因此常用于制造烟幕弹。虽然红磷本身无毒，但它未燃烧的蒸气在冷凝时会生成剧毒的白磷。白磷只要 0.1 克左右就可以置人于死地，这种物质甚至可以经由皮肤被人体吸收。此外，五氧化二磷与冷水反应还会生成剧毒的偏磷酸，这是不适合用水扑灭磷燃烧的大火的另一个原因。虽然水可以灭火，但生成的大量毒物会影响后续工作。在大多数情况下，如果没有合适的灭火器且燃烧导致的危害不大，还是让这些磷烧完吧。

这一章中出现了许多剧烈的反应，可见化学的两个极端——氧化剂和还原剂接触时所释放的能量多么巨大。然而氧化还原反应并不都很剧烈，不一定都发光放热。有没有一种方法让能量温和地释放呢？下一章给你答案。

第三章

化学之光

当能量温和地释放
褪去火热的外衣后，
它将发出属于自己的
温和而璀璨的
七色光芒。

荧光棒与发光液体

在化学中要产生光的话，最常见的反应就是上一章中介绍的燃烧和爆炸。那么有没有不那么剧烈的发光实验呢？

每逢夏季，广场上和公园里常会出现一些卖荧光棒的人。只要掰两下荧光棒，再摇一摇，它就能亮好几小时。这种发光现象是通过化学反应实现的，产生的是一种几乎不会发热的冷光。我们掰荧光棒的时候，实际上是隔着塑料外管掰断了里面用玻璃制成的内管，让内管中的溶液与外管中的溶液混合，然后发光的反应就开始有条不紊地进行下去了。

比起普通的灯光和自然光，化学发光本身就是一件神奇的事情。与所有的化学反应一样，其中也伴随着能量的传递与转换。正如手电筒由电池供能、灯泡把电转换成光一样，化学发光由化学反应供能，并由一种可被看作"灯泡"的物质将这些能量转化为光。这类物质就是本节的主角，它们称为荧光染料。

我们一般将"点亮"荧光染料的过程称为激发，被激发的荧光染料可以发光。这里用来举例的曙红 Y（又称伊红或四溴荧光黄等）便是一种荧光染料，它的普通溶液呈红色，在被激发后会发出黄光。你可以将这种溶液搅匀，得到左图所示的均匀发光液体；也可以将溶液混合后不加以搅拌，那样将会得到下图所示的熔岩效果。

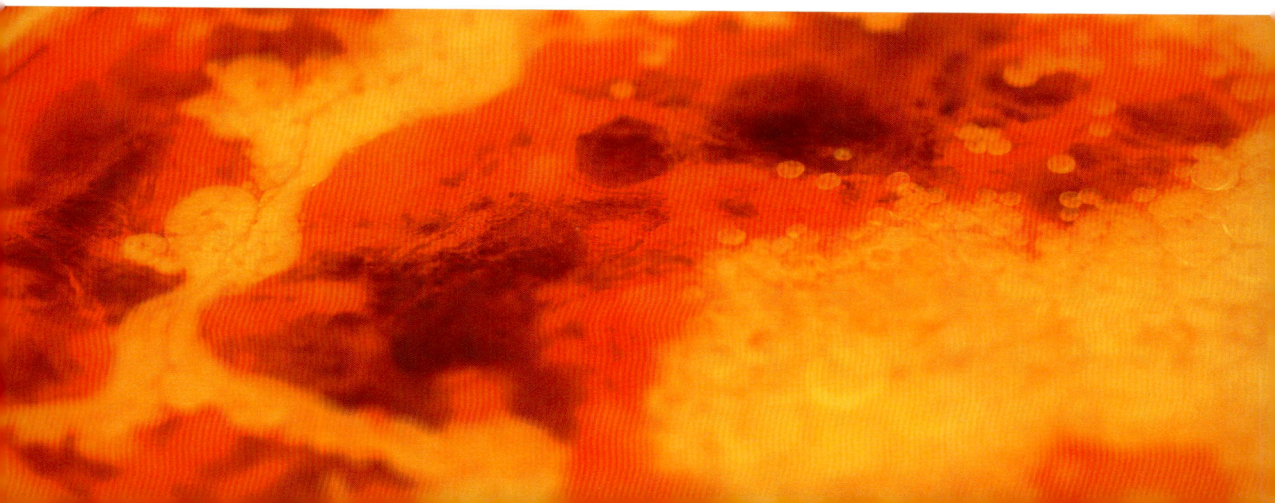

不同的荧光染料会产生不同颜色的光。在右图所示的实验中，我使用的荧光染料是罗丹明B，这是一种人工合成的荧光染料。罗丹明B的溶液呈漂亮的玫瑰红色，所以这种物质在刚制作出来的时候曾用作食品添加剂，直到它被证明会致癌后才被禁止使用。在荧光实验中，它在受到激发后会发出红光。

顺带一提，**做化学实验时应该使用实验室中配备的器皿，这里使用的高脚杯是为保证拍摄效果专门准备的，请不要随便用家里盛装食物的器皿接触这些有毒的化学试剂。**

如前文所说，荧光棒内部的玻璃管被掰开的时候，两种溶液会混合在一起。其中除了用于产生不同颜色的光的各种荧光染料以外，剩下的物质其实是相同的，它们用于给反应提供能量，让荧光染料发光。

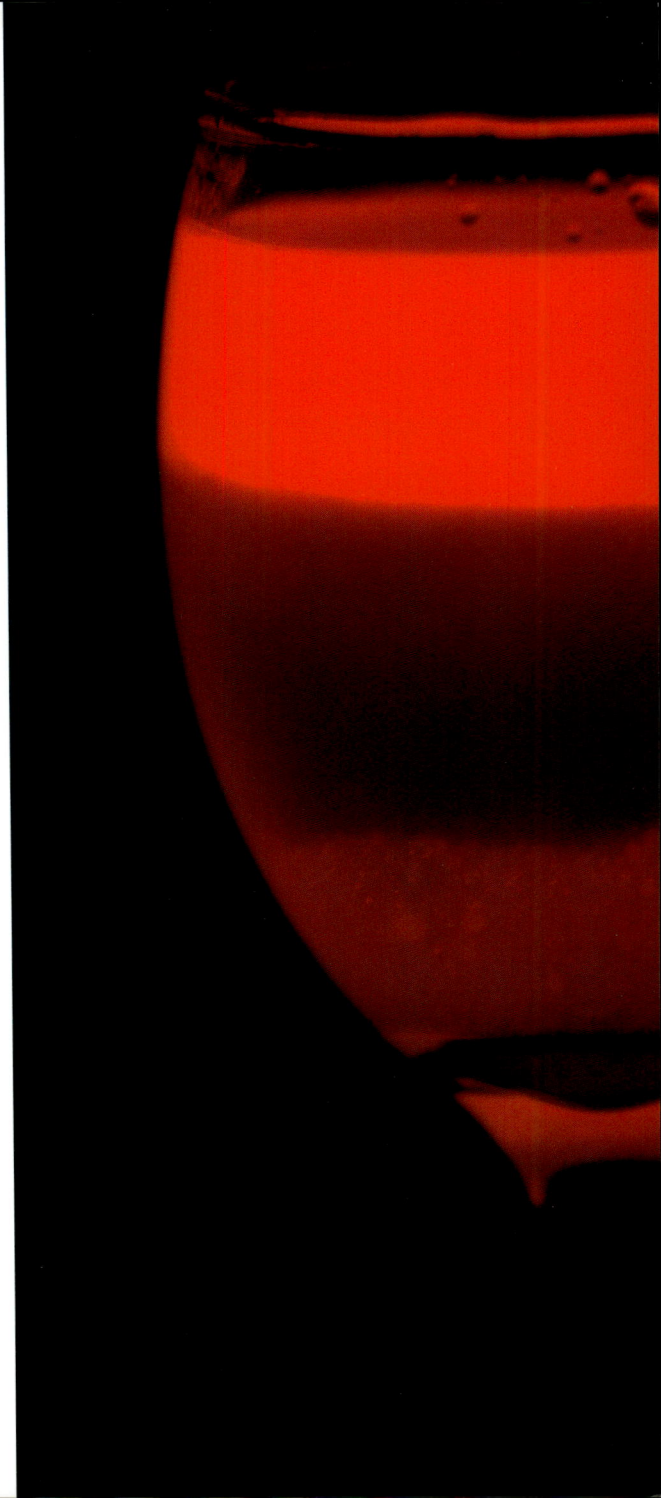

对于发光现象来说，除了颜色，还有一个会涉及的问题，那就是发出的光的亮度。我们通常希望溶液发出的光尽可能亮一些。一般要提高溶液发出的光的亮度时，可以试着改变溶液中各种物质的浓度进行微调。除此之外，我们还有一个简单粗暴的思路，就是在其中添加一点催化剂。

通常在解释荧光棒发光原理的实验中，我们会用水杨酸钠、乙酸钠作为催化剂，让溶液发出的光更亮。在本书中，为了让图片的拍摄效果更有趣一些，我选择了聚丙烯酸钠。低聚合度的聚丙烯酸钠通常用在纸尿裤中作为吸水成分，吸水之后变成糊状物。高聚合度的聚丙烯酸钠如上图所示，在吸水后会变成颗粒状，可用于制造逼真的人造雪。

左图中这杯蓝色的荧光溶液在加入了作为催化剂的高聚合度的聚丙烯酸钠之后，呈现了右页中的图所示的美丽画面。杯子里面以及外面的固体颗粒即为吸饱了水的聚丙烯酸钠。

说了这么多，荧光棒的发光原理究竟是什么呢？实际上，这解释起来还是有点烦琐。如果下面的话理解起来吃力，你完全可以跳过去，直接看本页最后一段介绍的具体方法。

　　这一整套实验的逻辑实际上前面已经提到了。如同手电筒发光是由电池供能一样，在这里我们需要一种化学反应来供能，而可以释放能量的氧化还原反应就是一个很好的选择。我们找到了一种名字很长、符合要求的物质，在此简称它为双草酸酯。让它与过氧化氢发生反应，就可以得到所需的能量了。

　　双草酸酯是一种固体粉末，而且不溶于水。如果我们的荧光实验要在液体中进行，就需要找一种物质来溶解它，这种物质的名字是邻苯二甲酸二丁酯（以下简称二丁酯）。

　　双草酸酯可溶于二丁酯，但二丁酯和溶解过氧化氢的水不互溶。二丁酯与水混在一起时就像油与水一样会分层，这该怎么办呢？就像洗洁精可以同时溶于油和水一样，叔丁醇是一种可以同时溶于二丁酯和水的物质，它可以将二者结合起来。

　　综上所述，该实验的操作过程是：将

双草酸酯溶于二丁酯，之后与30%过氧化氢溶液混合，并加入叔丁醇结合二丁酯和过氧化氢这两种不互溶的液体。然后在这种用于供能的液体中加入少许荧光染料，溶液便开始发光了。如果再向其中加入一

些聚丙烯酸钠或水杨酸钠，还可以提高亮度。事实
上，这个发光效果柔和的实验具有潜在的危险性：
一是大部分荧光染料都有致癌性，二是实验用到的
双草酸酯会在处理不当的情况下生成毒性极强的
二噁英。所以，非专业人士还是不碰为好。

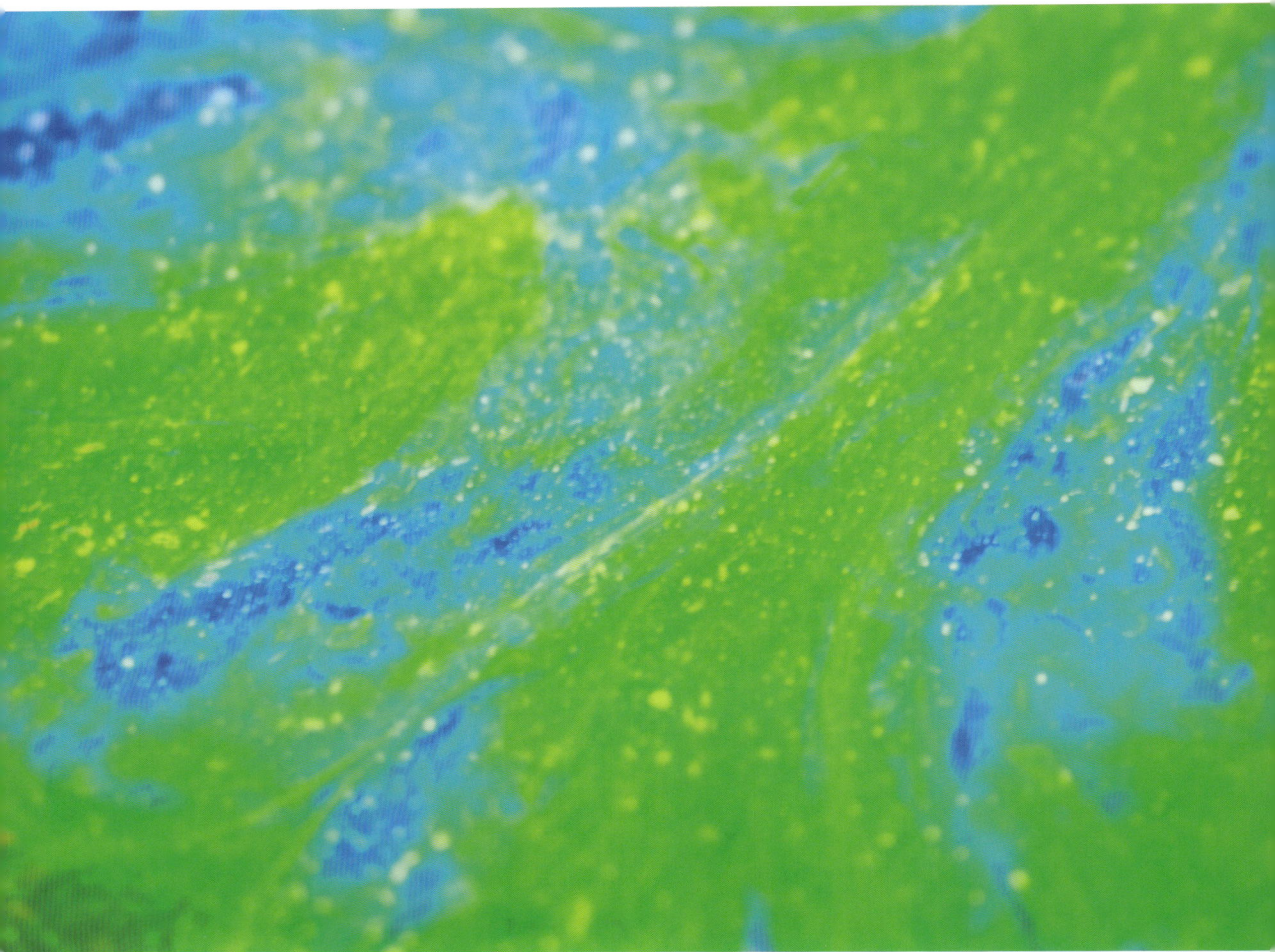

在上图中，大家可以看到溶液中的那些小亮点，那是还没有完全溶解的荧光染料。可能有人会产生疑问，是不是没有溶解的荧光染料的发光强度更高呢？答案并不是这样。除了用化学方法激发荧光染料之外，我们也可以用紫外光照射这些荧光染料来激发它们。然而这时我们几乎观察不到任何发光现象，除非把荧光染料配成溶液。大家可以想想为什么会出现这样的现象，然后再到本章后面找答案。

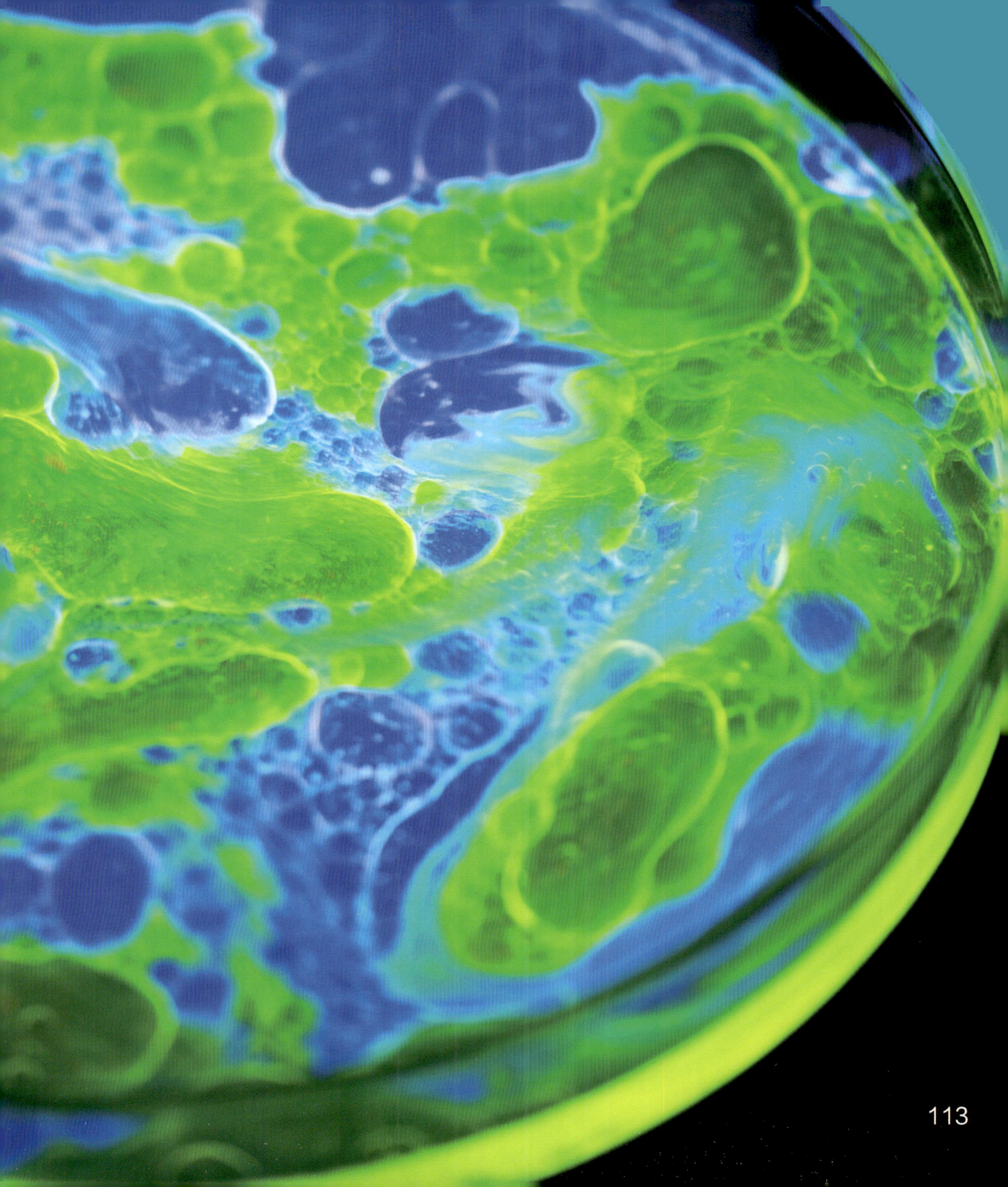

在做发光实验的过程中，有时荧光会突然熄灭，这种现象称为荧光的猝灭。需要注意的是，虽然猝灭用来形容荧光消失的现象，但是引起猝灭的因素五花八门，其中包括荧光染料本身的化学性质、特定的操作等。比如，奎宁被激发后会发出青绿色荧光，如果加入一点氯化钠，就会让整杯溶液瞬间暗下去。此外，有时两种不同颜色的荧光染料不能共存，将它们放在一起也会发生猝灭现象。比如，在下图中，两种液体由于某些原因而不能共存，因此二者在相遇的瞬间就发生了猝灭现象，大片溶液马上暗了下去。

除此之外，大多数情况下可以捕捉到几种物质一起发光的画面。向蓝色荧光液中滴加红色荧光液，效果非常棒，如右页中的图所示。拍摄这幅照片的时候，我还在上大学。当时某一课程要结课，我还把它作为个人作品交了上去，并起名为《孕育》。这里用到的配色用于描绘孕育新恒星的星云和孕育新生命的大海都很贴切。

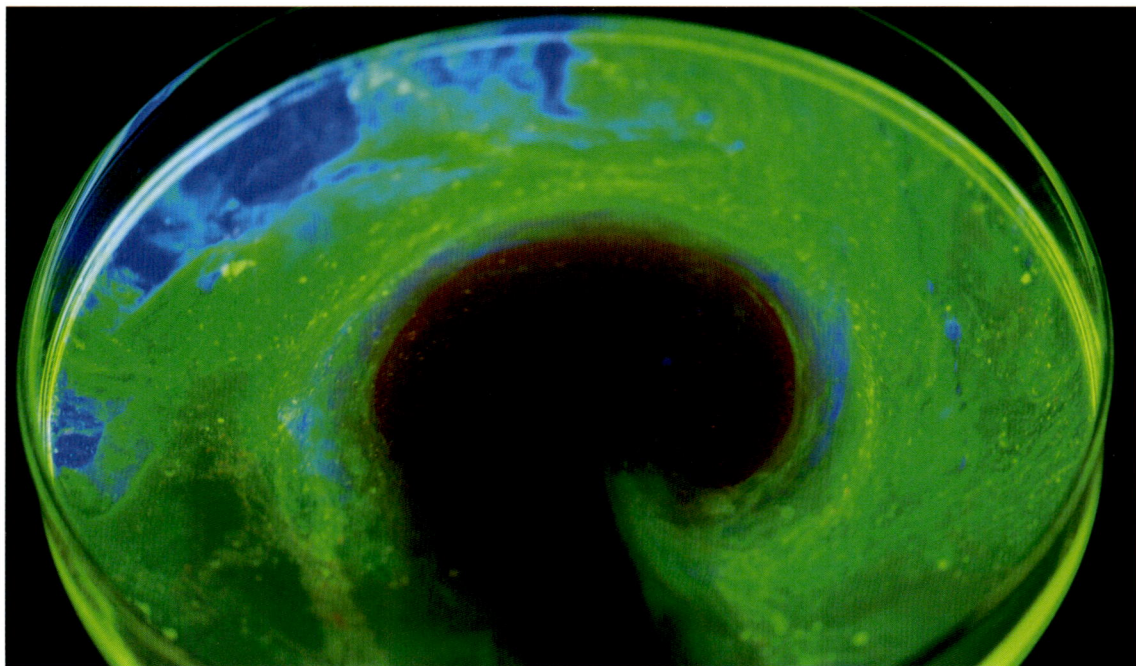

发光气体

　　发光溶液固然奇妙，但可以发光的物质不是只有溶液，有一些气体在一定条件下也可以发光。和液体发光实验一样，任何类型的发光实验都离不开能量。那么用什么给气体供能比较合适呢？答案是电。

　　日常生活中的很多人造光源就是用电来发光的，电是一种常见的能源。不管是手机和电视机的屏幕，还是将钨丝加热到红热状态而发光的白炽灯，抑或通过电子激发管壁上的荧光物质来发光的荧光灯，都是将电能转化为光能。在这一节中我们要说的气体发光，确切地说，并不是一种和化学相关的现象，而和物理学的联系更加紧密。

　　除了不同的气体外，我们需要用到的工具称为电火花验漏器，俗称放电枪。右图展示了一把正在工作的放电枪的发射头，它可以通过极高的电压释放出一定量的电子。电子在穿过空气的时候，让空气的某些成分受到激发，从而产生我们见到的这些电弧。在接下来要介绍的部分实验中，放电枪是一种很好的电子提供者，可以给一部分气体供能，使其发光。

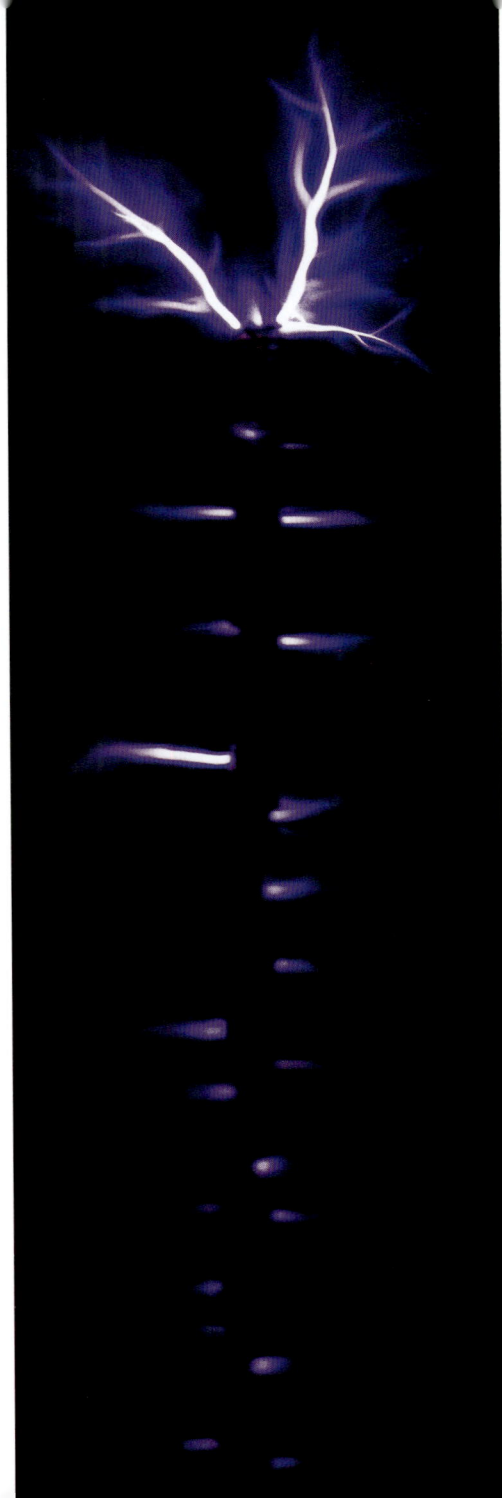

氚

氚即超重氢，是氢的放射性同位素，因此在元素周期表中与氢处于同一位置。氚具有 12.43 年的半衰期，它在衰变过程中会以 β 衰变的形式释放电子，然后转化为稀有的氦-3。氚是制造氢弹的原料，在生物学上用于同位素标记法。

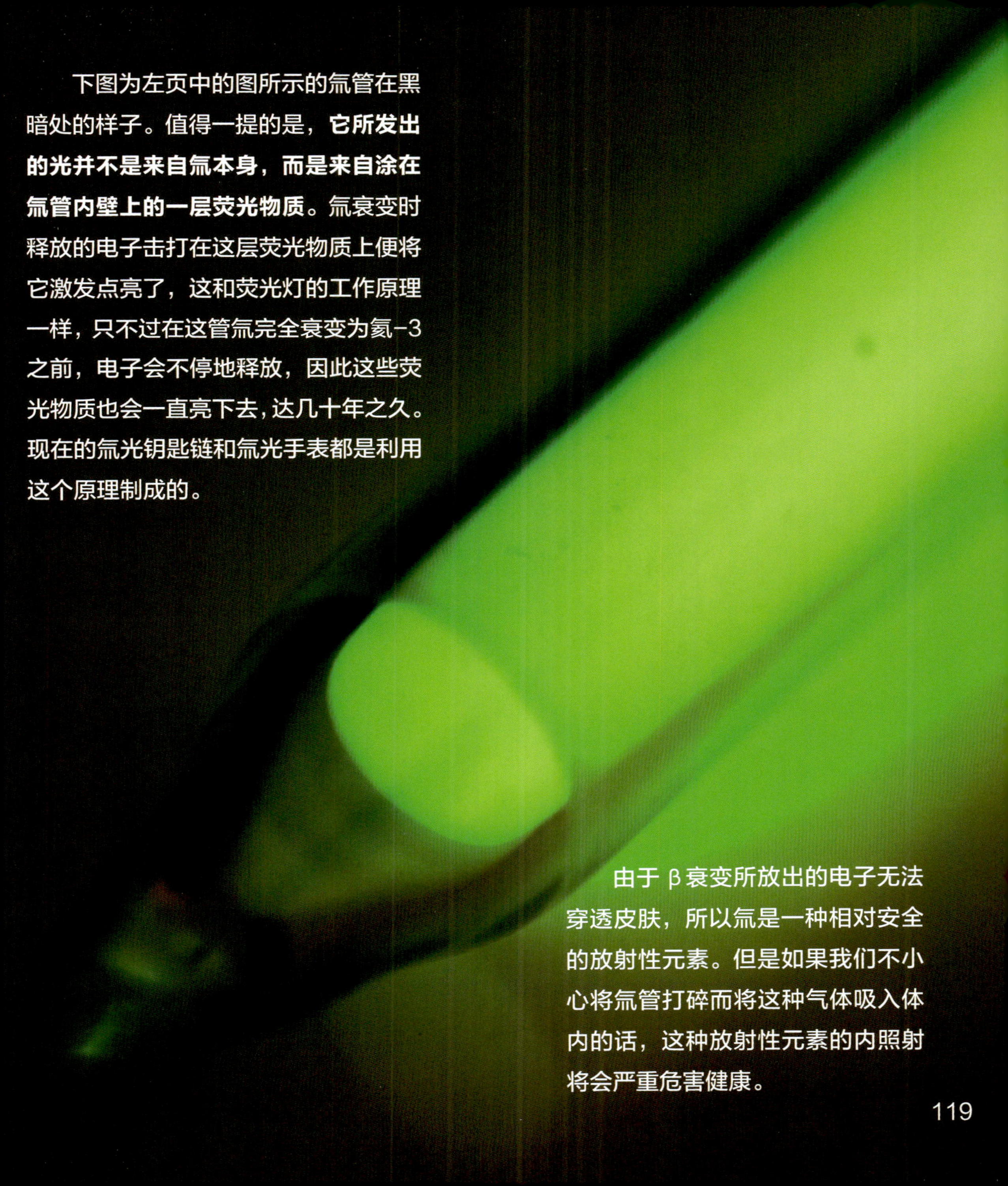

下图为左页中的图所示的氚管在黑暗处的样子。值得一提的是，**它所发出的光并不是来自氚本身，而是来自涂在氚管内壁上的一层荧光物质**。氚衰变时释放的电子击打在这层荧光物质上便将它激发点亮了，这和荧光灯的工作原理一样，只不过在这管氚完全衰变为氦-3之前，电子会不停地释放，因此这些荧光物质也会一直亮下去，达几十年之久。现在的氚光钥匙链和氚光手表都是利用这个原理制成的。

　　由于β衰变所放出的电子无法穿透皮肤，所以氚是一种相对安全的放射性元素。但是如果我们不小心将氚管打碎而将这种气体吸入体内的话，这种放射性元素的内照射将会严重危害健康。

7 氮 N

氮是一种常见元素，空气中 78% 的成分都是氮气。氮气在常温下很稳定，不易发生化学反应。在本页图中，氮气在通电时发出了蓝紫色光。放电枪产生的电弧是同样的颜色，这是电子点亮空气中的氮气的最好证明。

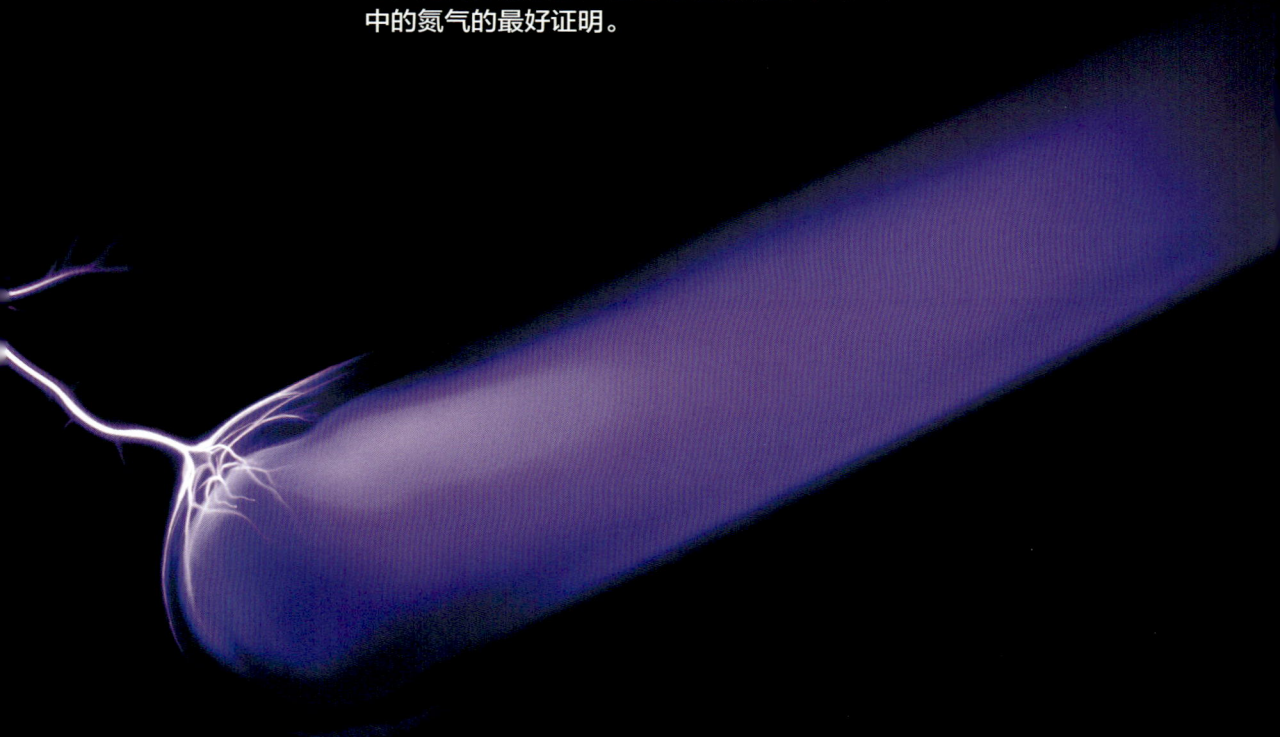

说到气体发光，就不得不说说稀有气体了。它们排在元素周期表中最右边的一列，最常见的包括氦、氖、氩、氪、氙和氡6种元素。一般的气体单质的分子都是由两个原子构成的，比如氮气分子就是由两个氮原子连在一起构成的。但是稀有气体的分子则都是由一个原子构成的，这是因为稀有气体元素的原子的最外层电子都已排满，它们几乎不能再与其他原子结合，包括它们自身。这点从它们曾经用过的另一个名字"惰性气体"就能够看出来。随着现代化学的发展，人们找到了让这些物质发生化学反应的方法，这才摘去了其名字中的"惰性"一词，转而使用"稀有"这一特征来重新命名。所有的稀有气体都具有通电后发光的特性，因此它们在被发现之后，直到今天都有的一个重要用途便是制作霓虹灯。右图展示了在放电枪电弧的激发下发光的3种气体，从上到下依次为氖气、氦气和氙气。实际上，稀有气体甚至所有气体通电时发出的光的颜色还和电压的高低有关。由于原理复杂，在此不再赘述。

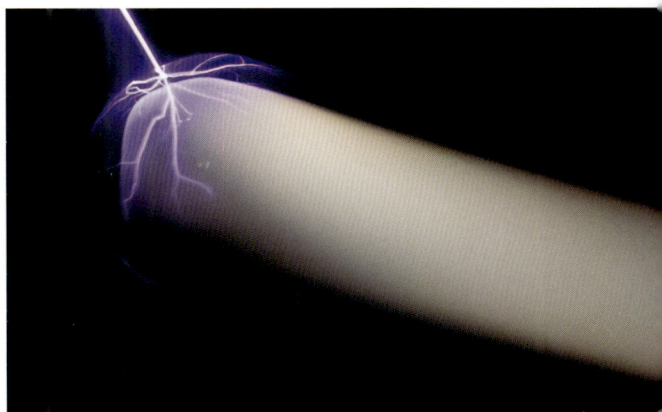

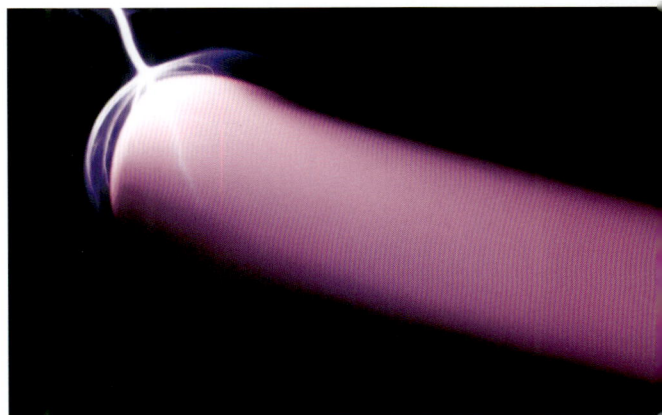

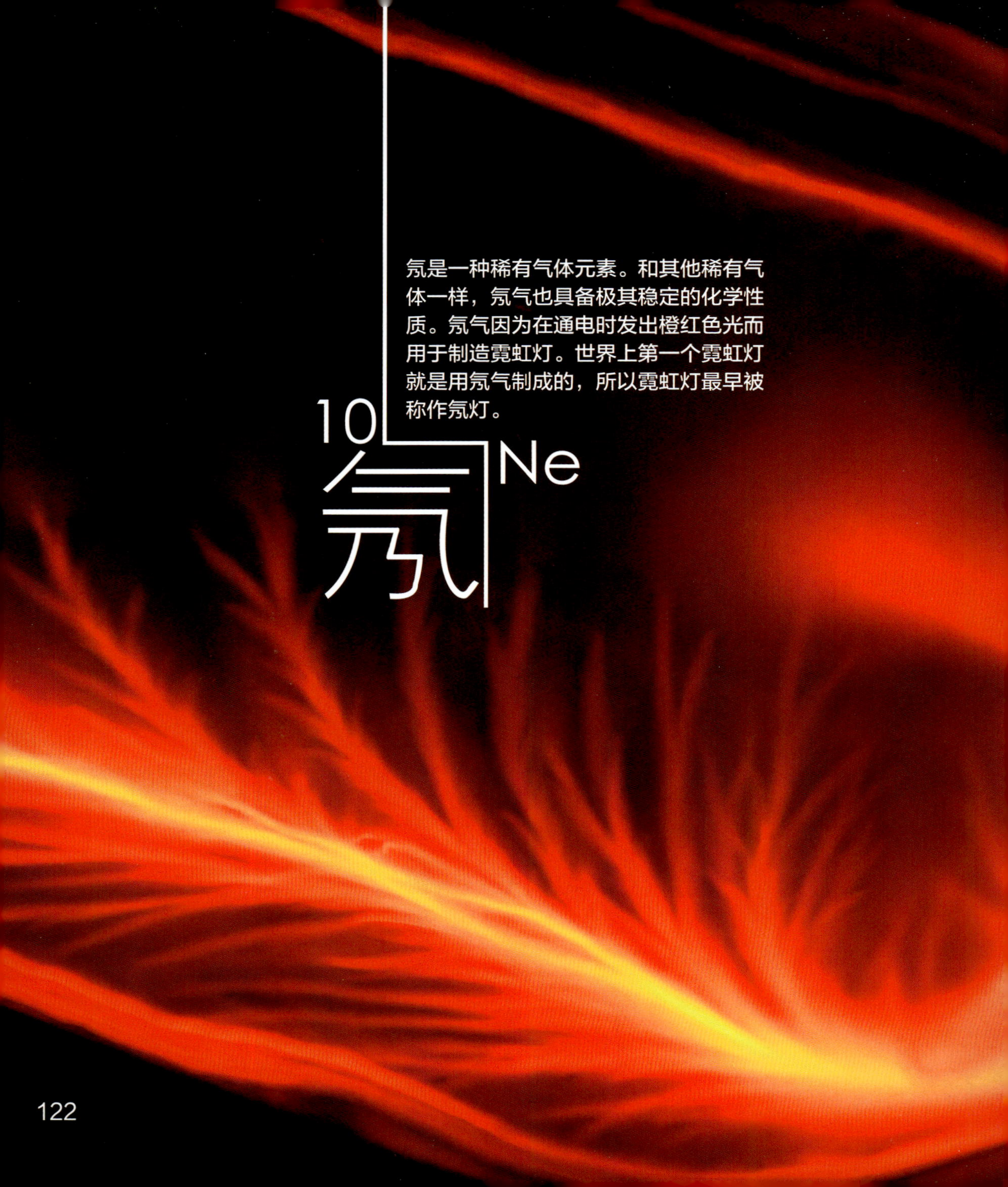

氖是一种稀有气体元素。和其他稀有气体一样，氖气也具备极其稳定的化学性质。氖气因为在通电时发出橙红色光而用于制造霓虹灯。世界上第一个霓虹灯就是用氖气制成的，所以霓虹灯最早被称作氖灯。

10

氖

Ne

不同于前面几个装有稀有气体的玻璃管在通电时整个被点亮的效果，在更大的封装有稀有气体的容器中，我们会看到一些不太一样的现象。

这里的大玻璃容器的容积为 2 升，其中装着的是氖气，氖气在通电时会发出强烈的红光。当我们打开放电枪靠近容器的时候，可以看到并不是容器中所有的气体同时被点亮了，而是出现了一些发光路径。实际上，这里的发光路径便是电子通过的路径，电子从上面进入容器，碰到容器底部时以羽毛状散开，形成一条完整的回路，并激发沿途遇到的气体。前面介绍氮气发光时我提到了电弧为什么是蓝紫色的，而在这里大家看到了红色闪电。

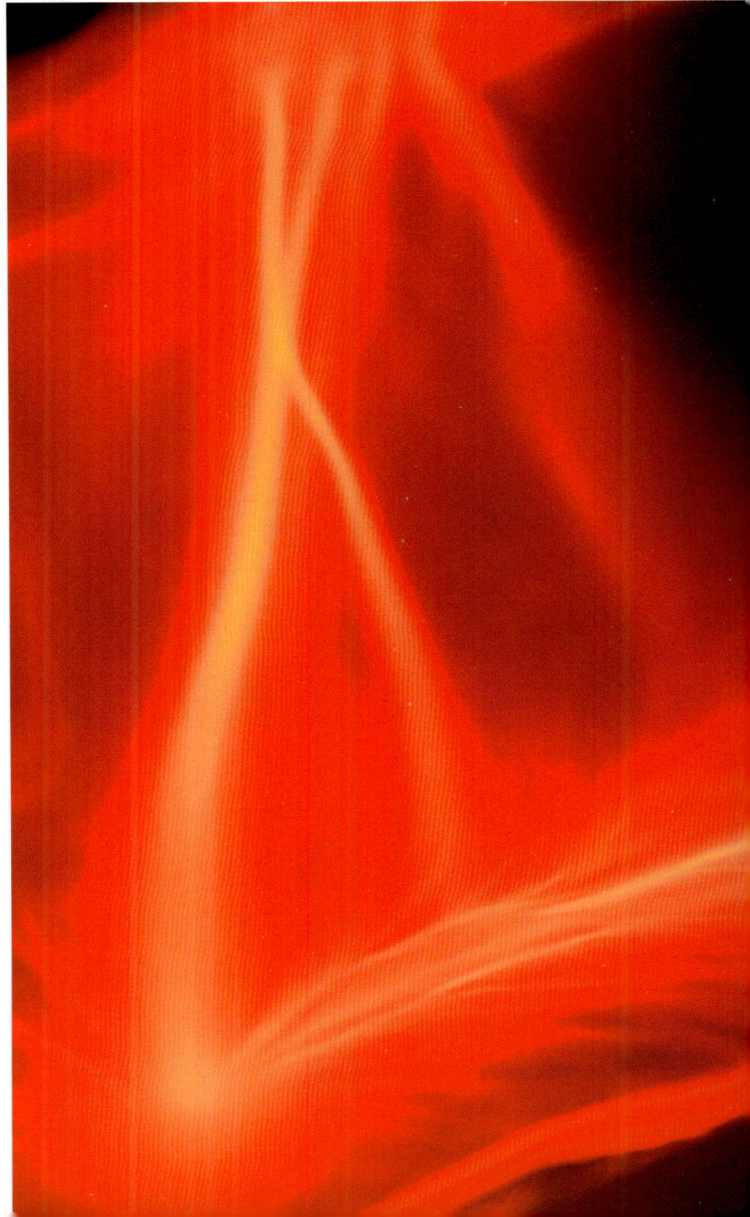

等离子球是一种很常见的小摆设，这种东西通常在礼品店中以很低的价格出售，这种摆设实际上很好地展示了我们在前面介绍的实验。球的里面包含一些稀有气体，右页中的图清晰地展示了作为电极的那个点。打开开关之后，电极发出的电子四散开来，点亮了沿途遇到的稀有气体。等离子球的一种玩法是将手放上去，你的身体便会作为电子转移的通道，让四散的光线集中在你的手上。当然，这些小玩具可以保证安全，因此这么做并不会让你触电。

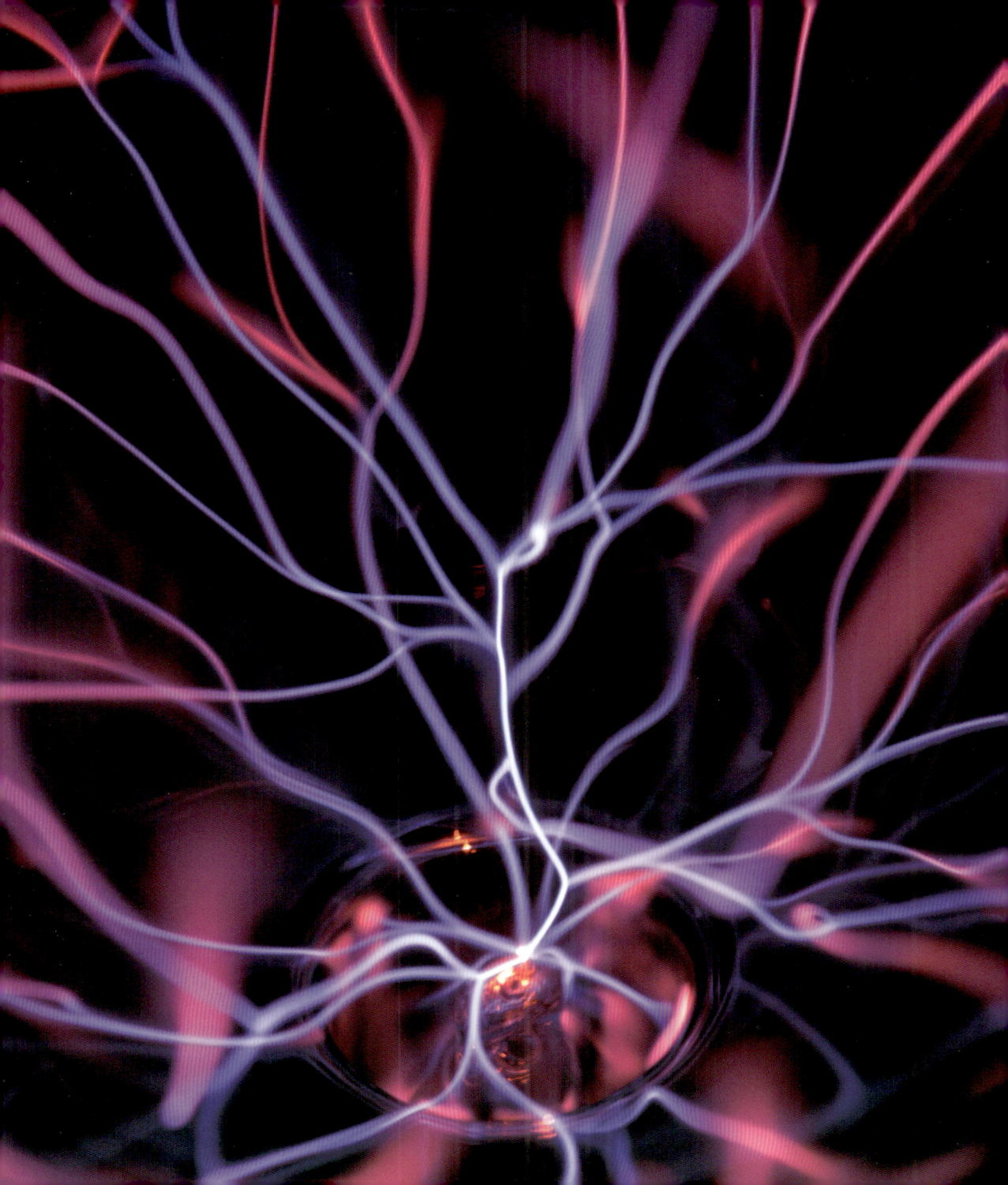

会吸光的稀土荧光粉

说完了液体与气体，接下来该说说固体了。人类对于光的追求使得我们一直没有停止对发光物质的研究。对于常见的固体发光材料来说，荧光粉便是其中一个热门课题。

和其他发光现象一样，荧光粉要发光的话也需要能量。在最初的荧光粉中，用于提供能量的是少量放射性元素，就和上一节中介绍的氚一样，通过核反应来源源不断地提供能量。比如，那时手表上所用的荧光粉里会掺杂少量镭，而这也导致了当时许多人患上了相关辐射病。随着研究的深入，人们才发现这些物质的危害，因此这类荧光粉已经几乎不再使用了。现在我们所使用的通常是含有稀土元素的荧光粉。这些材料以硫化锌、硫化钙等硫化物配合铝酸盐作为发光基质，然后以稀土元素作为激活剂制成。这类荧光物质具有吸光能力强、性质稳定等特点。

今天，荧光材料涉及我们生活的方方面面，比如用荧光粉溶于有机溶剂所制成的荧光装饰材料、纸币上的荧光防伪油墨等。荧光粉以及其中的稀土元素在这方面功不可没。

65 铽

Tb

铽位于元素周期表中镧系元素的第9位，是一种银白色的、柔软的稀土元素。它通常在荧光粉发光的过程中起到活化和激发作用。在自然界中，铽与其他稀土元素共存于独居石中。

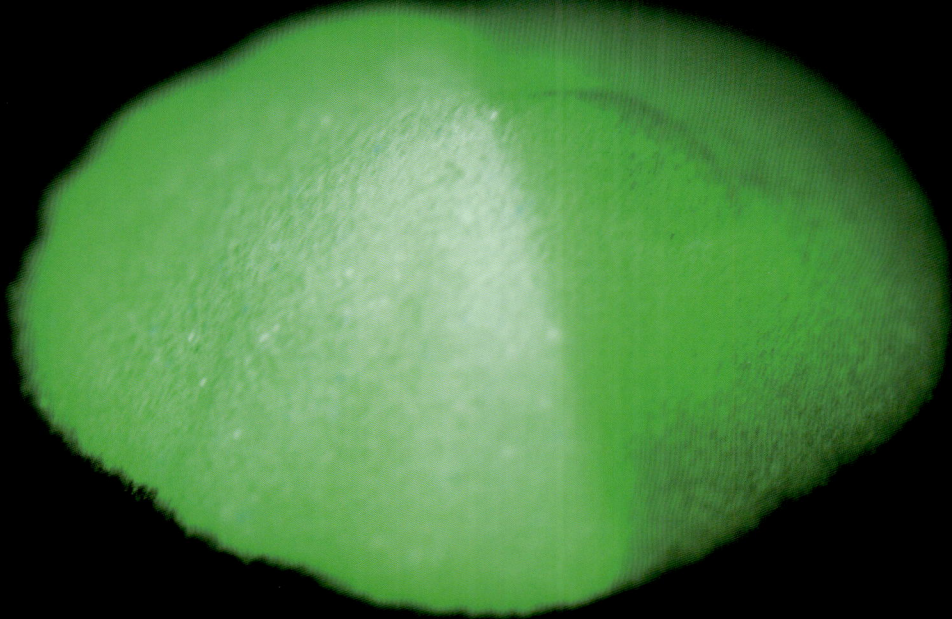

那么，这些荧光粉该由什么东西供能呢？答案是光，用可见光照射这些稀土荧光材料就可以激发它们。虽说让荧光粉发光的前提是有光存在这种说法好像有点奇怪（其他一些发光现象在撤掉能量之后马上就不再发光了），但是这些荧光粉在被光照射后的一段时间内能持续发光，所以也可以理解为这些荧光粉将光的能量储存下来了。我们把物质不再受到激发时还不断发光的这种现象称作余辉，稀土元素在其中的作用则是有效地增加余辉时长，提升荧光粉的发光性能。这类荧光粉也因此被称为长余辉荧光粉。

图中的绿色荧光粉通常是发光亮度最高的，中间的分界线缘于光照不均匀。我们先用光照射整堆荧光粉，然后用隔板遮住部分光线，只照射其中一半荧光粉，关灯后便出现了这样的效果。

当然，如果不刻意分区域进行照射的话，在稳定均匀的照射之后，所有被光照射到的荧光粉都可以正常发光，比如下面这堆稳定发光的蓝色荧光粉。我们将这堆荧光粉摊开之后，还可以看到右页中的图所示的景象——好似浪花在海面上跳动。

这种现象是怎样产生的呢？其实原理没那么复杂。荧光粉发光是需要接收光照的，但是把荧光粉堆在一起的话，就会导致只有表层的荧光粉才能受到光的照射，下层被挡着受不到光的照射。所以摊开之后，将光照程度不同的荧光粉混在一起，就产生了这样的现象。

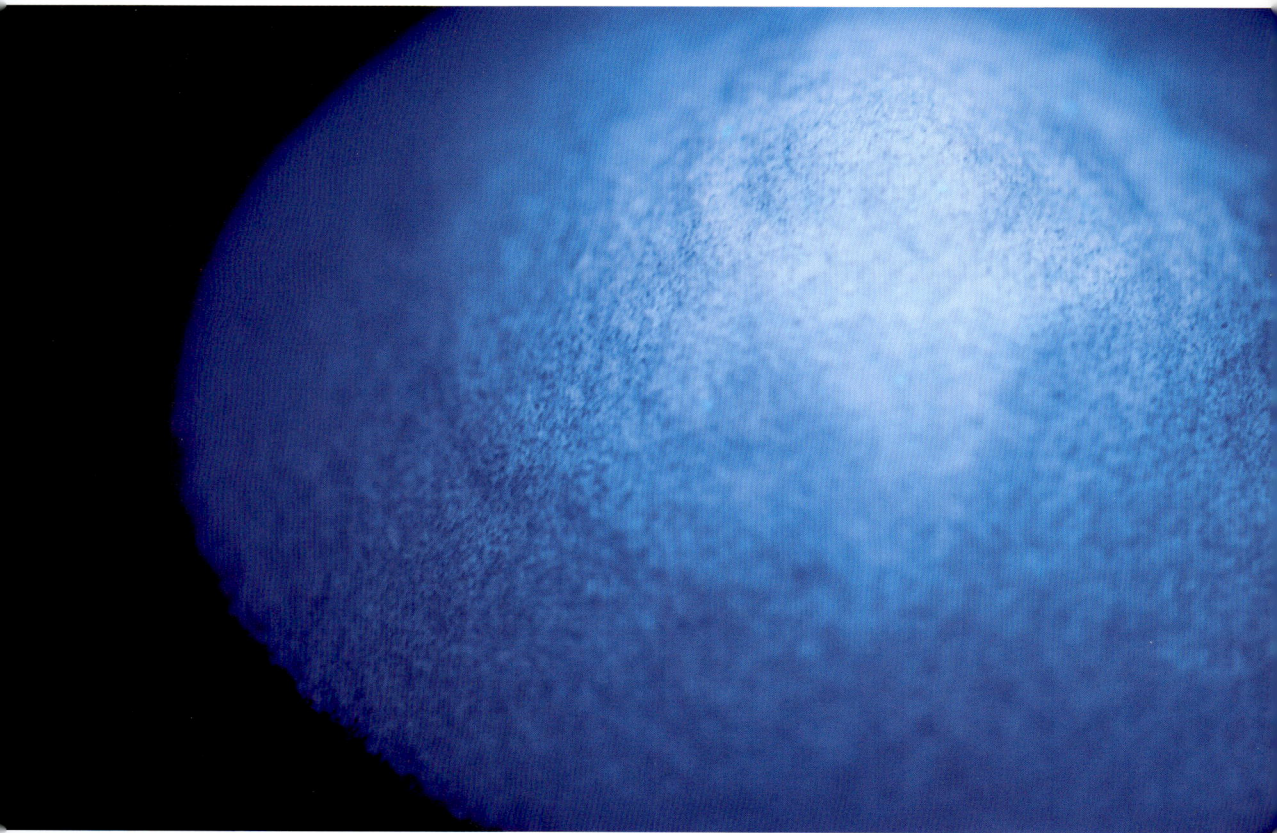

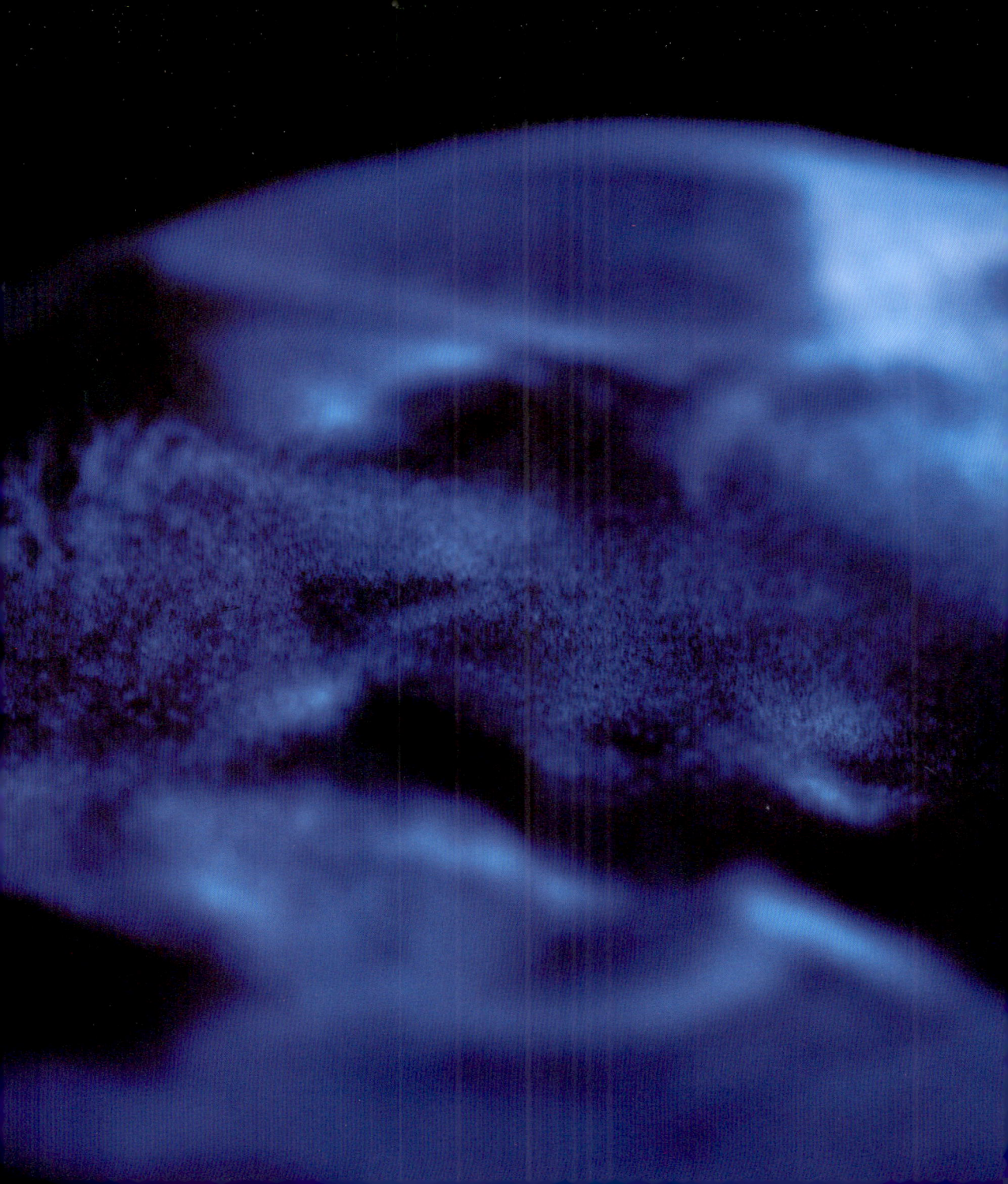

铕 Eu

63

铕是一种稀土元素，位于元素周期表中镧系元素之列。它的氧化物是制造荧光粉的重要原料。铕还是稀土元素中最活泼的金属，我从氩气的保护中将一块铕取出来拍完这张照片 5 分钟后，它的上面便不再有任何金属光泽了。

将受到光照射的红色荧光粉摊开，可以看到如同熔岩一般的效果。正如前文所述，其中暗处缘于一开始成堆的荧光粉内部接收不到光照而无法发光。

说到这里，大家还记得我在本章前面提出的那个问题吗？为什么荧光染料在配成溶液之前受到激发时几乎不发光？其中一个原因和这里的荧光粉是一样的，就是只有表层可以被激发，所以能发光的部分不足。另一个原因则是固体颗粒彼此靠得太近，被激发的小颗粒发出的光马上又被其他小颗粒吸收掉了。由于荧光粉可以发光很长时间，所以这一点可以忽略不计，但是对于荧光染料这些没了能量马上变暗的物质来说，这种影响就很大了。

在近期的研究中，科学家们在分子层面上给这些荧光染料设计了一个支架，让其中的分子能够相互保持一定的距离，从而在一定程度上解决了这个问题，让没有配成溶液的荧光染料也可以发光了。

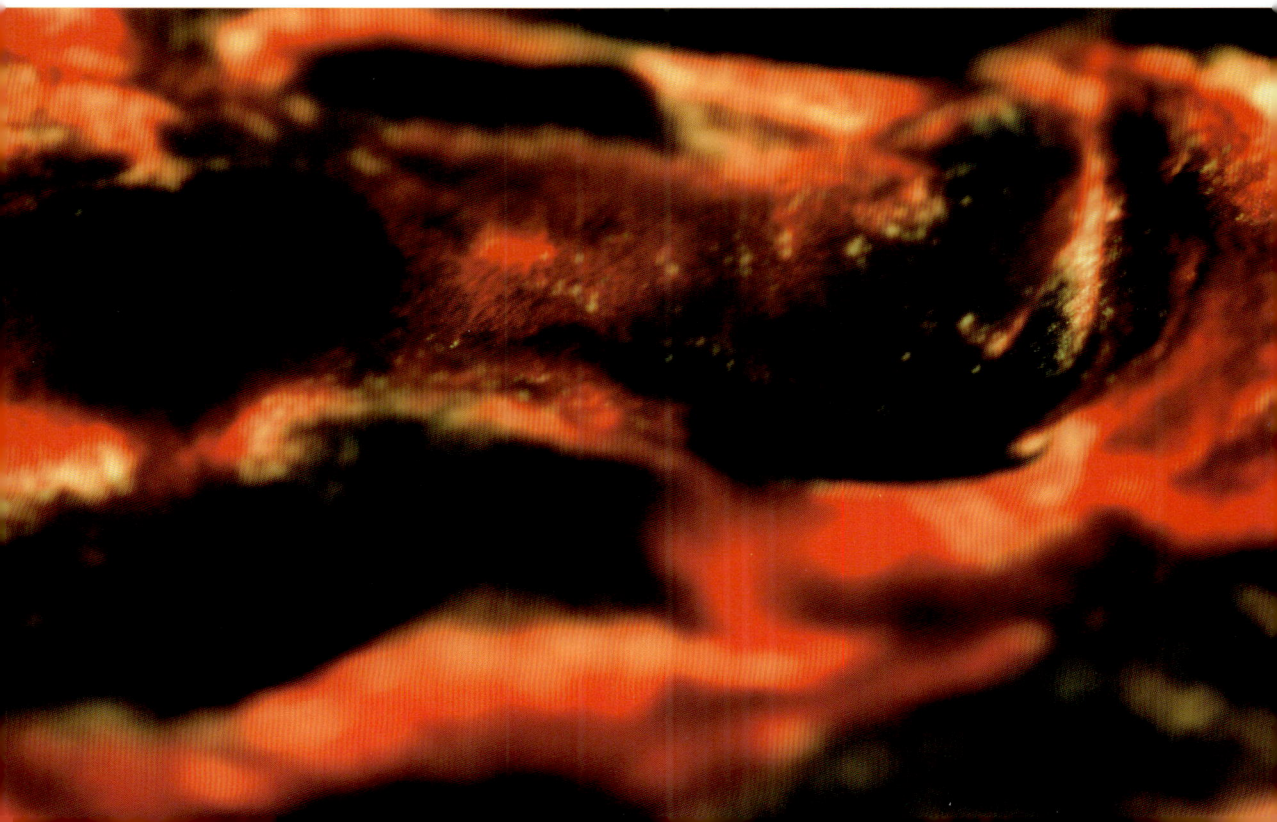

我们所说的稀土元素一般包括钪、钇和镧系元素，总计 17 种。在制造荧光粉的时候，人们会针对不同颜色，在其中按照比例添加某几种特定的元素。今天，长余辉荧光粉不仅在接收光照之后可以维持越来越长时间的发光，还拥有了大量不同的色彩。艺术家们也注意到了这种材料，开始尝试用它们进行艺术创作。通常用荧光粉加上溶解了有机玻璃的香蕉水之后，就可以把荧光粉调成黏稠的颜料去作画了。此外，由于部分荧光粉在自然光下的颜色和被激发后发出的光的颜色不同，因此这些作品在白天和夜晚给观众带来了不同的感受。

光是一种物理现象，但在化学作用下可以变得无比斑斓。这便是化学的魅力所在。

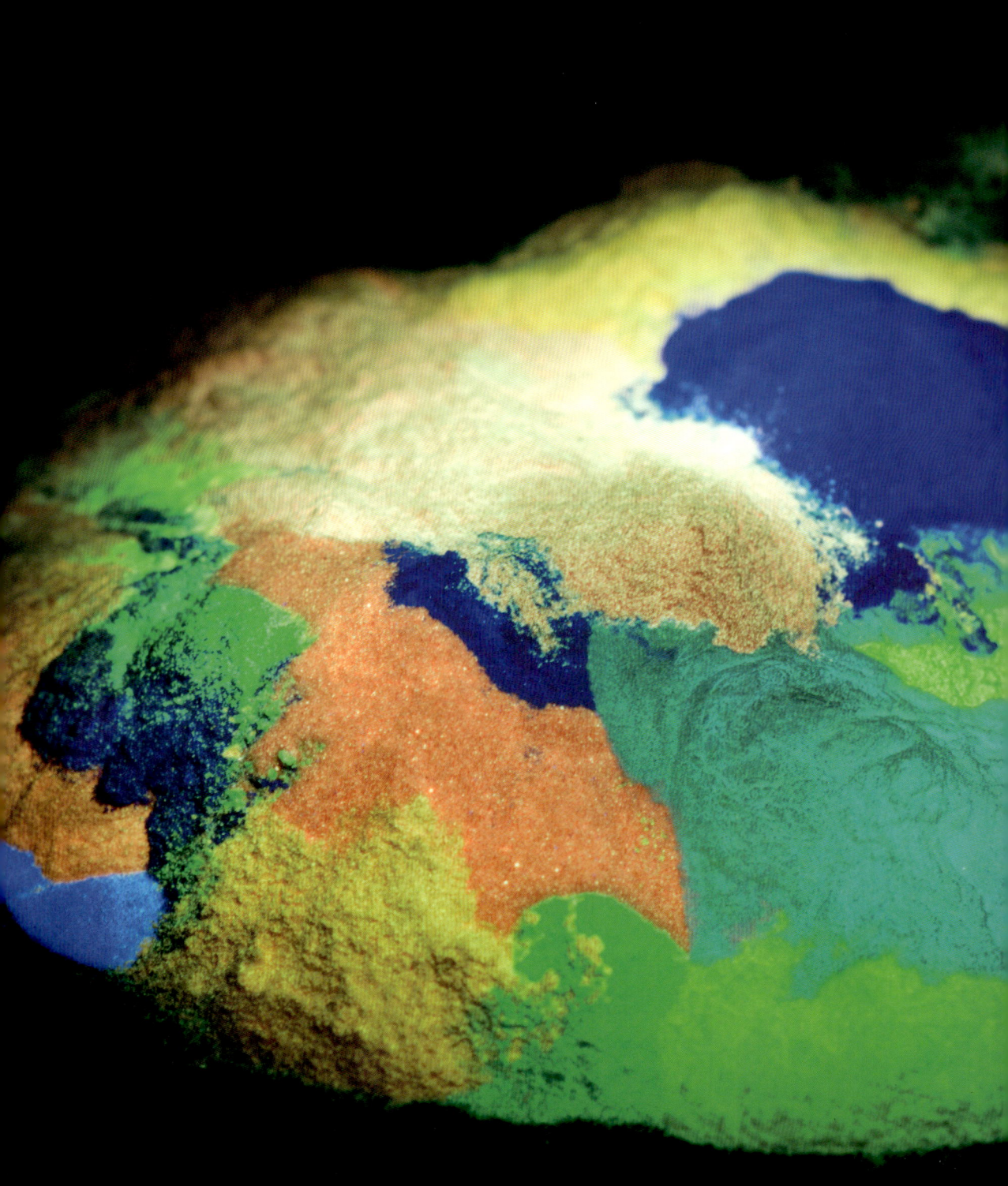

第四章 化学之魅

化学可以制造
最不可思议的效果，
这便是
化学的魅力，
属于元素的奇迹。

魅

晶　体

　　世间万物有着不同的化学组成，它们包含不同的原子或分子。而每个分子、原子也有着它们自己的排列方式。当它们在微观层面按照一定的规律重复排列堆叠起来形成固体时，在宏观层面上，我们直接看到的便是具有规则几何形状的晶体了。晶体具有固定的熔点和沸点，与之相对的非晶体没有固定的熔点和沸点。常见的非晶体有玻璃、橡胶、蜡等，都不是我们在这里要研究的对象。

　　右图是在乙二胺中滴入硫酸铜的效果，生成物并不是一种沉淀，而是一种叫作硫酸二乙二胺合铜的络合物。这种物质的颜色比铜盐溶液本身的颜色蓝得多。我们要介绍的第一种晶体便是这种物质的晶体。

硫酸铜　　＋　　乙二胺　　→　　硫酸二乙二胺合铜

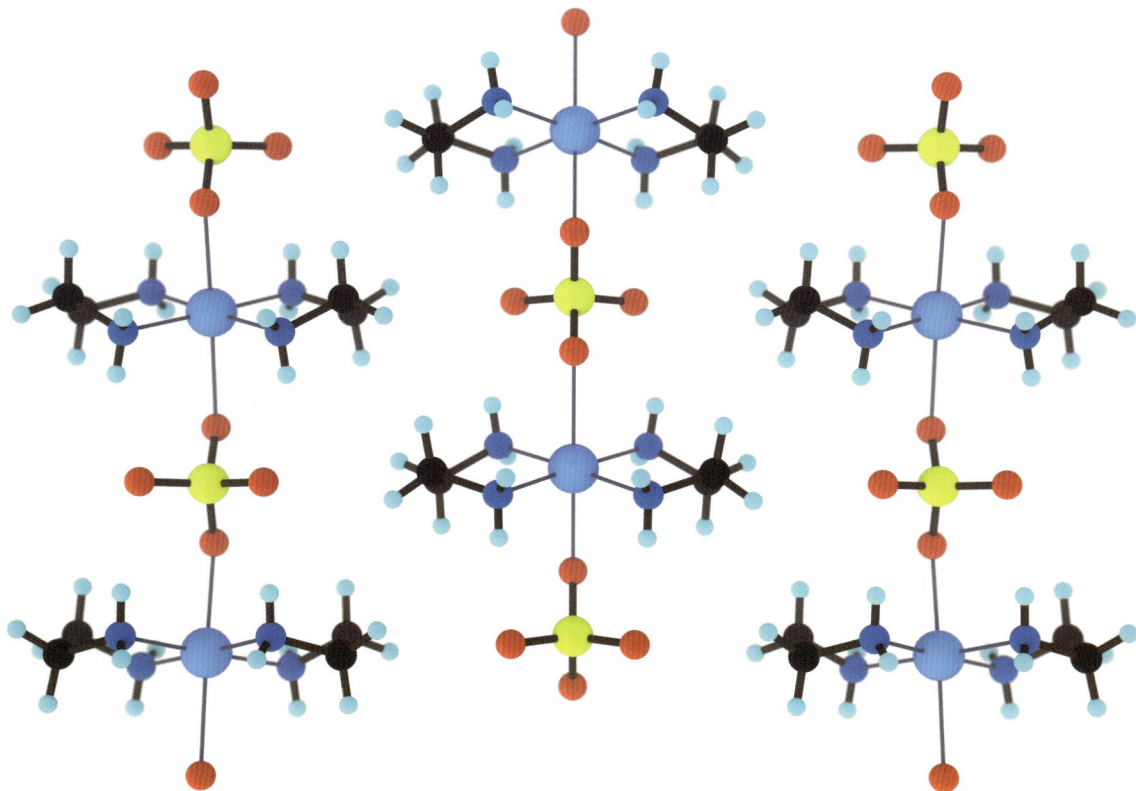

在研究晶体的时候，我们有时会建立一些晶体的微观模型，观察其中不同原子、离子的排布。

硫酸铜由正四面体结构的硫酸根离子与铜离子组成，它在和乙二胺发生反应的时候，乙二胺分子会通过特殊的方式，用两个氮原子"抓住"硫酸铜中的铜离子，正如左页上面的图所示。在最终的产物中，铜离子与硫酸根离子的个数比是1∶1，铜离子与乙二胺分子的个数比是1∶2，相当于一个铜离子被两个乙二胺分子"抓住"，所以形成的物质叫作硫酸二乙二胺合铜。

这种物质在形成晶体的时候会交替排列，如左页下面的图所示。我们可以看到，这时每个硫酸根离子的正四面体结构同时连接了两个铜离子，而每个铜离子又同时连接了两个硫酸根离子的正四面体结构。这些原子和离子挤在一起之后会形成一层，而许多层这样的结构堆叠在一起之后便形成了硫酸二乙二胺合铜的晶体结构，如下图所示。

这种物质的宏观结构又是什么样子呢？你可以先试着想象一下，然后翻到下一页看一看。

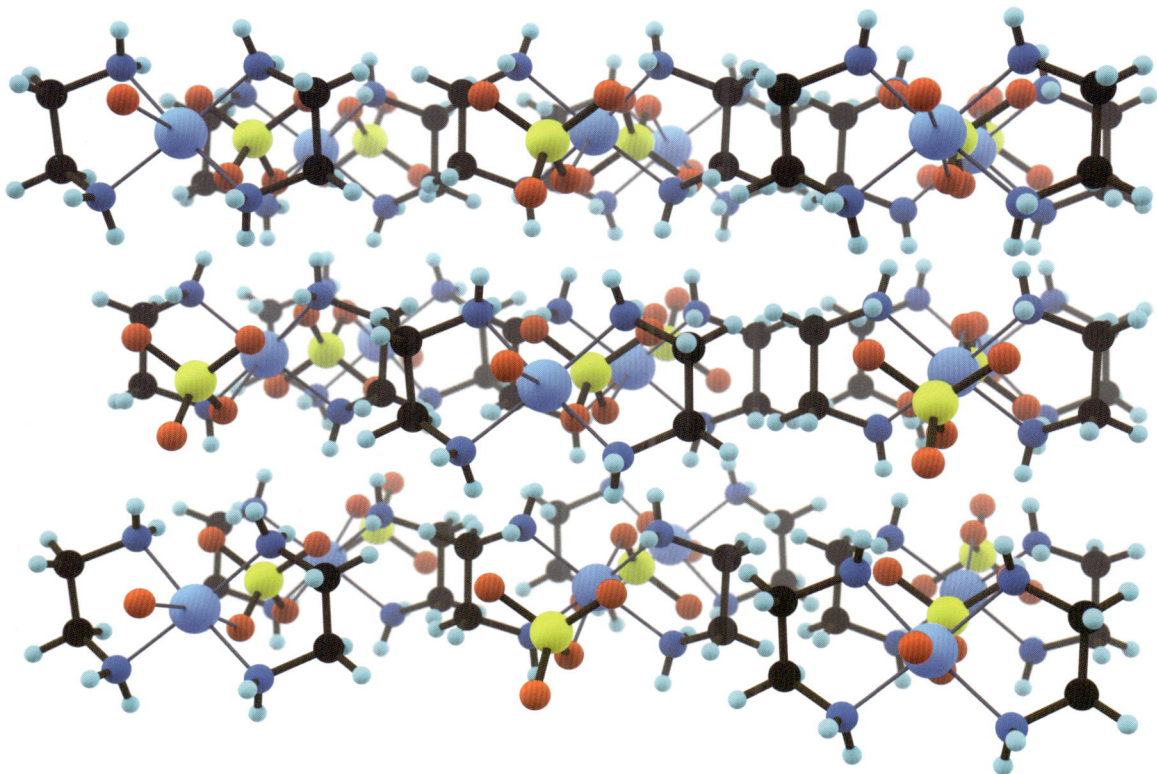

看到右侧的这块晶体，你是不是有一种豁然开朗的感觉呢？和它的晶体结构对应，这种晶体就算长大之后也是这样一层一层构成的。图中晶体的整体长度只有4毫米，所以你可以想象每一个分支的厚度有多小。受到一定程度的外界影响之后，这些层状结构会向着不同方向延展，变成花朵的样子。因为晶体可以被看作相应分子的空间结构的放大，所以我们不仅可以从微观结构推测晶体的样子，也可以从一种物质的晶体窥探到它的分子在微观层面上的排列方式。

制作晶体最常用且操作简单的方法就是蒸干饱和溶液。将你用于制作晶体的物质大量溶于水，直到溶液不能再溶进去更多的这种物质为止，这时的溶液便达到了饱和状态。然后将溶液慢慢晾干，溶液中就会逐渐析出晶体了。图中这块蓝色的硫酸二乙二胺合铜晶体就是这样制成的。制作晶体时，切记不能心急。如果想省时间而直接加热蒸干溶液，那是不可行的，因为这会使溶液受到扰动，从而使大量碎块在容器底部析出。感兴趣的话，你可以试着用家里的无碘食盐来制作晶体。如果一切顺利的话，你得到的食盐晶体将会是立方体形状的。

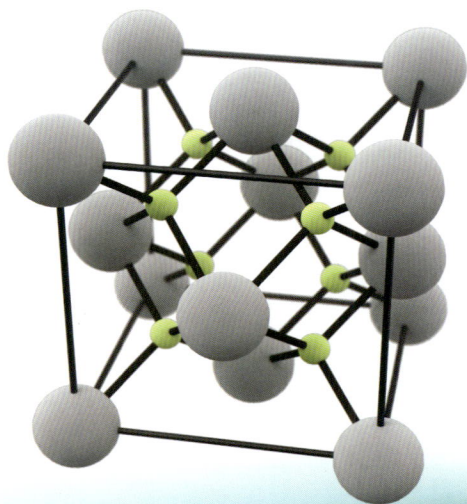

氟化钙具有左上图中的模型所示的结构，黄色的氟离子与银色的钙离子会以这种方式进行排列。在实验室中，氟化钙通常是白色粉末状固体，但在形成晶体之后，规则的分子排列便可以让光线从其中透过去了。天然的氟化钙晶体称为萤石。通过左上图中的模型，我们不难猜出萤石晶体是立方体形状的。事实的确如此，但右上图展示的这块天然的萤石晶体是比较稀有的正八面体结构。

醋酸钠有一个极为显著的特点，让我们可以用新的方法制备它的晶体，那就是过饱和法。一般的物质在溶于水的时候能够溶解的量存在一个上限，超过这个上限之后，无论如何都不能继续溶解了，这个量称为溶解度。但是醋酸钠溶于水时可以溶解超过它的溶解度的量，这样的溶液称为过饱和溶液。虽然过饱和溶液溶解了更多的物质，但非常不稳定。溶液只要稍微受到扰动（比如剧烈晃动，或在其中加入一些杂质或醋酸钠固体），便会有大量晶体析出。这在制作晶体时可以算是速成了吧。不过，大部分物质都会严格遵守自己的溶解度，所以用过饱和法制作晶体这件事就极为少见了，更何况大多数时候通过这种方法制备的晶体有些杂乱无章，不是很漂亮。

实际上，利用这种物质的溶液可以过饱和的特性，我们还有一个对应的趣味实验，叫作热冰实验。简单来说，首先在特别大量的醋酸钠固体中加入一点水，然后加热这些物质，当固体物质全部溶解之后再降温。如果溶液冷却到室温时还是液体的话，那么这时我们就得到了醋酸钠的过饱和溶液。接下来扰动一下溶液，比如用一根事先沾有少量醋酸钠固体的玻璃棒轻轻搅动一下，就可以看到溶液快速凝固的现象了。这个实验之所以叫热冰实验，一是因为固体在析出的时候会大量放热，二是凝固之后的白色固体很像冰块。

　　可以形成晶体的物质不只限于化合物，一些元素的单质也可以制成晶体，金属就是一个很好的例子。我们在日常生活中见到的金属制品大多是熔化后倒进模具或经过机械加工制成的，因此它们的外观并不"自然"。事实上，所有金属在特定条件下都能形成天然晶体。上图中的这些碎块实际上就是一种金属，它的名字是铋。那么金属铋在自然生长成晶体之后又是什么样子呢？

83 铋 Bi

铋曾被认为是元素周期表中的最后一种稳定元素，但在 2003 年，科学家们发现它具有极其微弱的放射性——弱到它的半衰期比宇宙寿命还要长。此外，铋还有一个奇怪的特性——热缩冷胀。所以，这种奇怪的元素能长出如此惊异的晶体也就不足为奇了。

　　找一个金属容器，将铋加热熔化成液体，然后让这种液体缓慢冷却凝固。在大约凝固了一半的时候，将剩下的液体倒出去。如果运气好的话，就可以看到已经凝固的铋形成了这种形状的晶体。对于大部分人而言，第一次看到这种铋晶体的时候应该会被震撼到吧。所以，这种玩意作为藏品一直卖得不错。

刚制备出来的铋晶体是灰色的，这是金属铋的原色。在空气中放置一段时间后，铋的表面会发生氧化，形成一层近乎无色的透明氧化膜。由于氧化膜的厚度不均匀，白光会在其中发生不同程度的偏折，形成五颜六色的视觉效果。就像阳光下的彩色肥皂泡一样。正是这种特殊的结构赋予了铋晶体七彩的表面。

　　铋晶体非常脆。这组图中出现的这几块铋晶体来自一块很大且很完整的晶体。虽然已经受到了充分的保护，但是在运输途中它还是不幸被损坏了，碎裂成了几块，幸好独特的结构和彩色的外表还在。

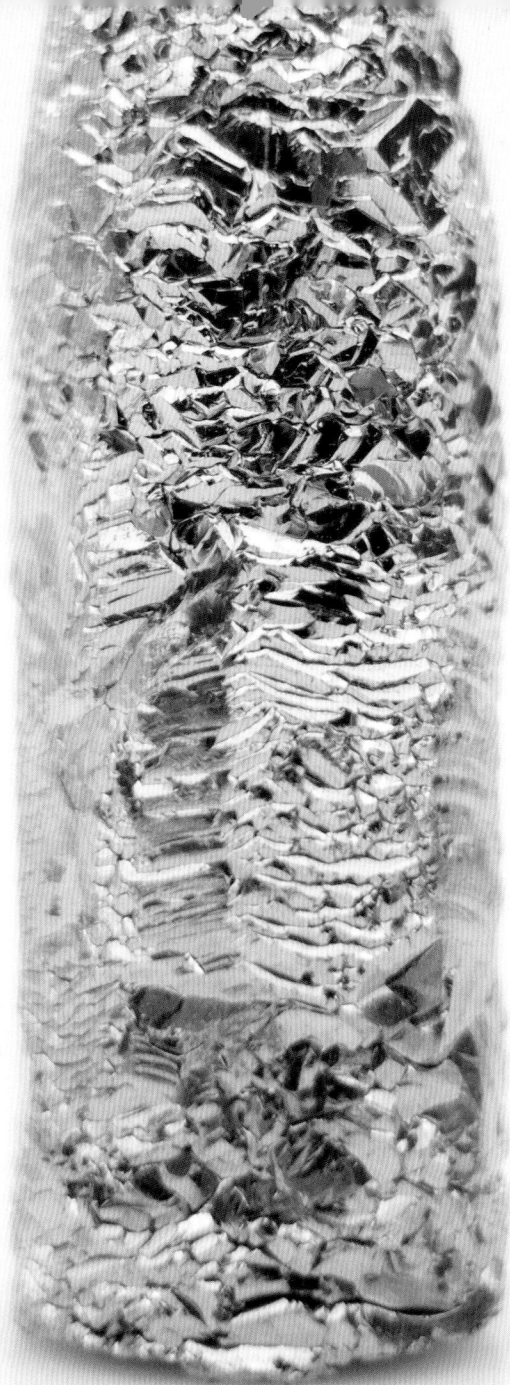

钛 Ti

22

钛是一种银白色金属，有着重量轻、强度高、耐腐蚀的特点，这决定了钛在工业领域中的地位。此外，用钛合金制作的人造关节几乎不会产生排异。这让钛被称为"21世纪的金属"。

当碘化钾与硝酸铅相遇的时候，就会生成这种明黄色的碘化铅沉淀。和其他沉淀一样，这样生成的碎屑并不是特别漂亮。但是碘化铅有一个特性，能出现一种完全不同的效果。

前面说过，从物质的溶液中析出晶体是一种制作晶体时常用的方法。但是碘化铅是一种沉淀物，该怎样让它析出晶体呢？答案就在碘化铅的溶解度中。碘化铅的溶解度随温度的变化非常明显，温度越高，溶解度越大。所以，让这种沉淀在热水中溶解一部分，就足以生成晶体了。降温后，晶体会从溶液的各个部分均匀析出，出现右页中的图所示的现象。这个实验有一个具有诗意的名字——黄金雨。

在黄金雨实验中，最后形成的每一个粒子都是一块极其微小的碘化铅晶体，正是它们的折射与反射造成了这样一种令人惊讶的效果。上图所示为高浓度溶液，右图所示为用乙醇稀释后的样子。实际上，除了稀释之外，也可以在黑暗中用一个点光源去照射溶液，可以产生类似的效果。在此需要强调的一点是，**铅是一种重金属，可溶性铅盐都是有毒的，而且会严重污染环境，所以我们在使用时一定要严格遵循实验室安全规则与废弃物处理规范。**

铅是一种常见的灰色金属，因为其熔点较低，且化学性质没那么活泼，所以这种金属在人类历史中出现得很早，古罗马人甚至用这种金属制作了全城的下水道。不过后来人们发现了铅的毒性，我们现在常用的产品大多已经是无铅的了。

82

Pb 铅

物质的分解

　　既然许多物质之间可以化合，那么我们也有方法将一种物质分解。这便是分解反应。最常见的分解反应经常需要满足通电、加热或高温等条件，并伴随着气体的生成。比如，电解水生成氢气和氧气，加热高锰酸钾生成锰酸钾、二氧化锰和氧气，灼烧碳酸钙生成氧化钙和二氧化碳，等等。

　　由于分解前的物质和分解后的物质具有较为明显的差别，因此许多分解反应会出现一些非常特别且令人惊讶的效果。

　　图中的这种粉末是重铬酸铵固体，其艳丽的橘黄色来自铬元素，它也是一种会在加热时分解的物质。那么，它在分解的时候会有什么效果呢？

将重铬酸铵放在一个小盘子里，然后滴几滴乙醇并将它点燃，之后就可以看到这样的效果了。将一根铁棒烧热后插在这种粉末上，也能够开启反应。重铬酸铵分解之后，生成绿色的三氧化二铬、氮气和水。其中三氧化二铬便是反应中落下的固体粉末，而氮气和水在生成时是气态的，起到了将物质吹起来的作用。这个反应是放热反应，所以出现了这样的亮光。这个反应因为它的特殊效果而被称为"火山爆发"。

　　反应结束的时候，会在现场留下一个由疏松的三氧化二铬堆成的绿色"火山口"，作为整场反应的谢幕。三氧化二铬曾经作为一种颜料被使用过，这种颜料称为铬绿。所以，如果没有提前做好准备的话，被喷得到处都是的绿色粉末打扫起来还是挺烦人的。

接下来要介绍的是一个可以在家中做的实验。取一些葡萄糖酸钙片，将它们磨成粉末，然后在其中加入少量乙醇并搅拌，以方便点燃。如下图所示，将这些准备好的物质放在一个小铁盘里，然后将小铁盘拿到一个不会引起火灾的地方，再在下面垫一些隔热材料就可以点燃了。葡萄糖酸钙片里的一些成分在加热的时候会发生分解，但是它的分解速度远不如重铬酸铵，从而产生不一样的实验效果。

这个实验被称为"法老幼蛇"，这个名字源于一个被称为"法老之蛇"的类似的实验。"法老之蛇"特指硫氰化汞的分解，它会生成比这个实验中的生成物更加粗大且完整的条状固体，具有更好的观赏性。但问题是不仅硫氰化汞本身的毒性不小，反应的生成物也都是"好汉"，个个有剧毒，甚至还包含吸一口就致命的剧毒气体。

所以，与"法老之蛇"相比，这个实验的效果稍稍逊色，但安全了不少。葡萄糖酸钙受热分解时会生成碳酸钙、二氧化碳和水蒸气，二氧化碳和水蒸气将剩余的反应物吹起来，使其膨胀成了这种酥酥脆脆的样子，像一条条小蛇。在接下来的几页中，它的特写就像小说和电影里异世界的黑暗森林一般神秘。

生命之源

　　水是我们最常见的液体，就连许多不懂化学的人也知道水的化学式是 H_2O。这种由氢元素与氧元素结合而成的物质虽然简单，却极其特殊，甚至目前的理论认为没有水就没有生命。地球表面约 71% 的面积覆盖着水，自然界中水的循环造成了不同的天气与奇观。摄氏度的定义便是将一个标准大气压下水的凝固点与沸点分别定为 0 摄氏度和 100 摄氏度。水凝结成冰的反向膨胀使得冬天冰面下还有水，水中的鱼不会被冻死。水在化学中的地位更是不容忽视，我们最常用的酸碱理论的定义中有它，化学反应中最常用的溶剂是它，许多反应能够进行是因为有它的存在。水可以让物质溶于其中，在溶液中发挥出显著的反应能力。

铜 Cu

29

铜是一种极为常见的金属，是人类最早发现和利用的金属之一。自然界中的铜存在于诸多矿石中，甚至能以单质形态存在。铜具有紫红色光泽，导电性与导热性都很好。这使得它在工业生产、电子及医药等众多领域都不可或缺。

硝酸银是最常用的可溶性银盐，它可以与铜发生置换反应，生成硝酸铜与银单质。如果让这两种固体直接反应的话，反应速度会由于接触面积太小而极其缓慢，而将硝酸银溶于水后再让它的溶液接触铜就可以快速发生反应了。由于硝酸银对水中的很多杂质较为敏感，容易产生沉淀，因此硝酸银溶液必须用蒸馏水或去离子水进行配制。左图中的液体即为用蒸馏水配成的硝酸银溶液，中间的金属棒与左页图中的高纯度铜棒一样。该照片是在铜棒与硝酸银溶液接触 1 分钟左右时拍摄的，我们可以看到铜棒的表面已经形成了一层白色的银。如果仔细看的话，此时生成的银都是极其细小的针状晶体，这层小小的银针排列在一起成为这根铜棒的全新外衣。

看到这里，可能有的读者会感到眼前一亮，这种方法居然能用来提炼银，这是不是一种发家致富的方法呢？其实不然。硝酸银这种物质的价格远高于银。所以，与其用硝酸银来提炼银，还不如直接买一些投资用的银条。

当这根铜棒表面生成的银太多时，由于下面的银支撑不住上面的银，这件银质外套就会整体脱落。不过脱掉这层银之后所露出来的铜撑不了几秒，硝酸银溶液便会再次让它的表面长出针状的银晶体，而且速度比一开始还要快。这是因为反应刚开始时，铜棒的表面可能还有一些杂质或者污渍干扰反应，但是被生成的银清理了一次之后，接下来的反应就基本上不会遇到什么阻碍了。

银 Ag

47

银是一种常见金属，它的导热性和导电性几乎是最好的，而且具有仅次于金的良好延展性。在历史上，银曾是价值仅次于金的金属，它和金一样被世界各国用于铸造货币及制作饰品。而银离子极强的杀菌作用也使得银在医学中发挥着作用。

硝酸银溶于水后会产生可以自由运动的银离子，银离子和铜发生快速的反应后生成了银单质。化学反应中电荷是守恒的，所以银离子和铜发生反应后，铜将银置换出来，而后以离子的形式出现在溶液中。如右图所示，铜棒上的银在第二次发生剥落时，我们已经可以清楚地看到溶液的上半部分变蓝了。这便是生成的铜离子的特征颜色。由于溶液的密度不同，在上半部分铜的"领地"中，银离子会越来越少，反应也越来越慢。最后，上半部分会生成极细的绒毛状银针，下半部分由于银离子充足而会变得越来越粗。最终，溶液会完全变蓝，而下面的银会撑住上半部分，使其不再脱落，达到一个相对稳定的状态。

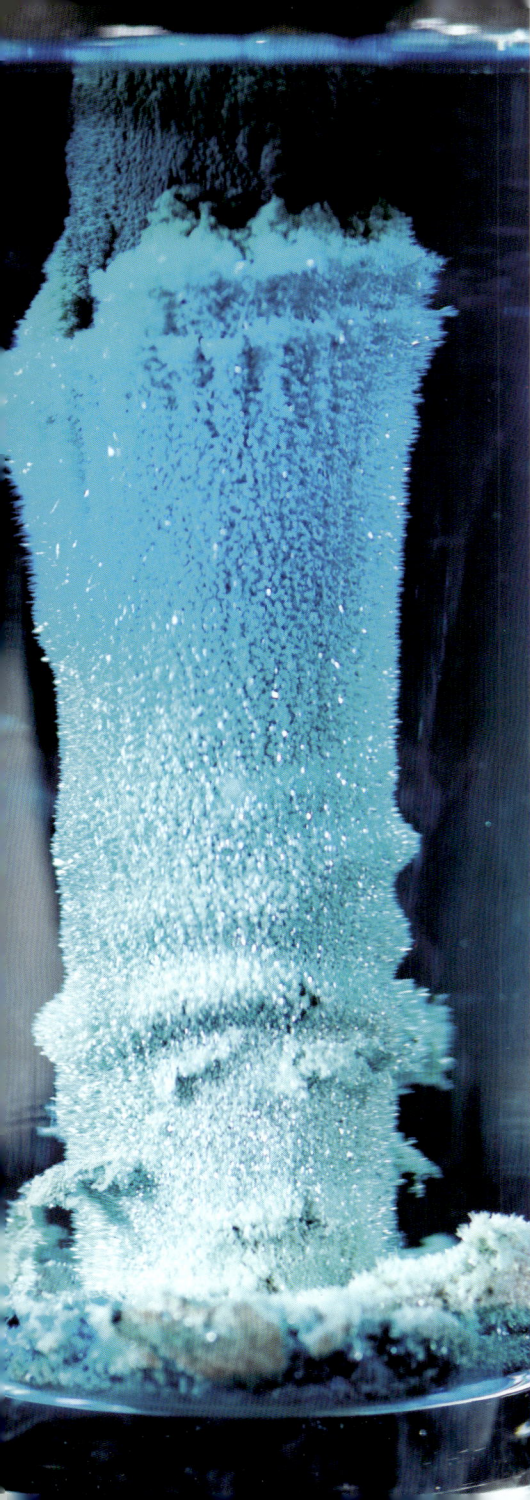

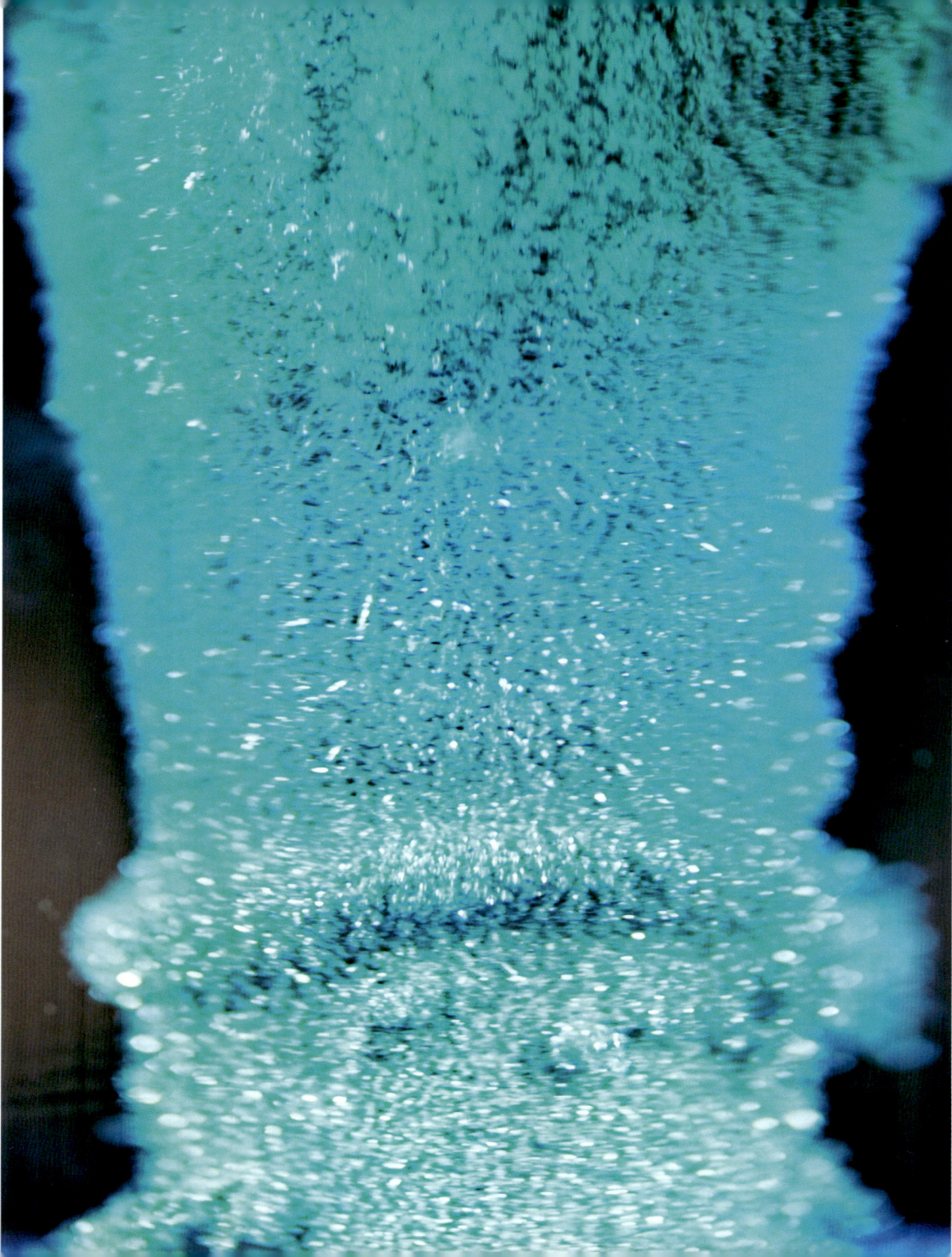

反应结束时，整个装置如同一座微缩的海中仙岛。蓝色的溶液、反光的银针、下垂的绒毛状银针与未反应的铜共同构成了这样的奇景。

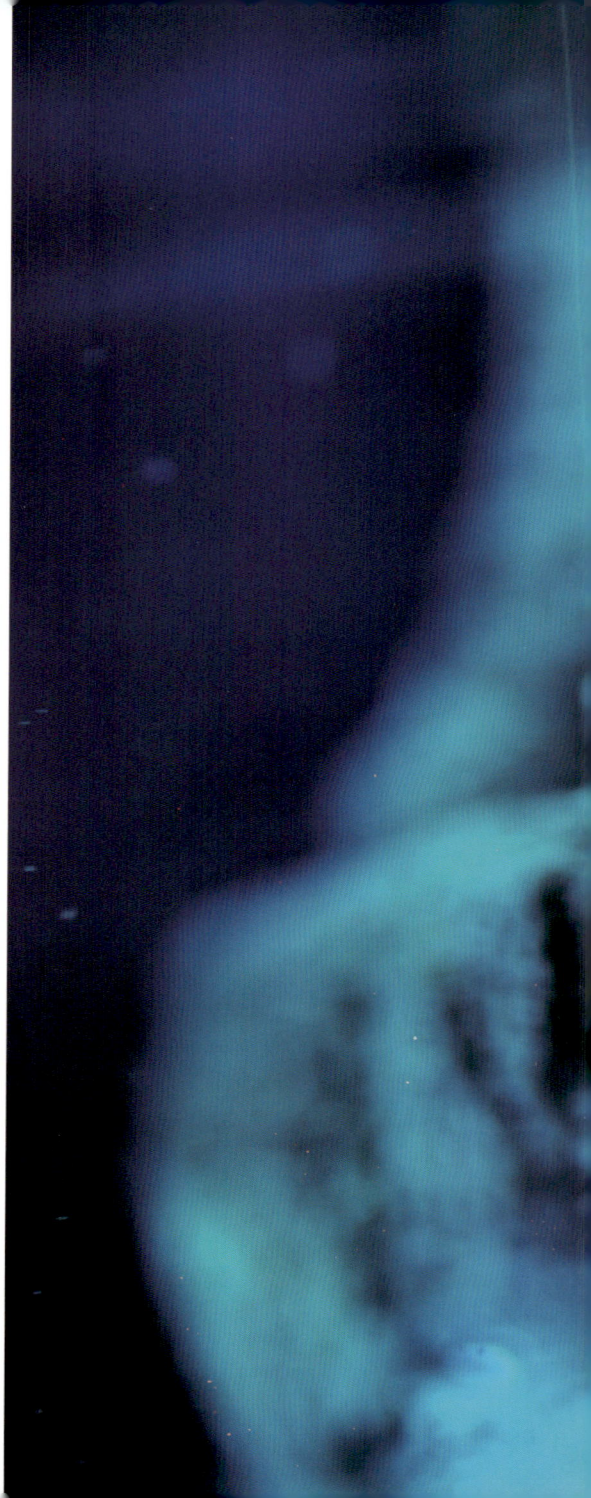

对于下面这张照片所显示的场面，大家一定不会感到陌生，因为我们在第二章"化学之烈"中展示过很多类似的照片。但是，为什么我们在这一章中介绍它呢？这是因为仅仅一点微小的改变就使得这个反应有了不同的效果。

从这种强光的效果中，大家不难想象到反应的参与者之一是镁粉，另一个是一种氧化剂。这一次有一点不同：这个反应不是用镁条或者其他什么东西点燃的，引发这个反应的仅仅是一滴水而已。

这个反应非常危险，所以任何没有专业人士陪同的模仿行为都是禁止的。 该反应的试剂是用硝酸银粉末与镁粉混合而成的，让二者发生反应的催化剂则是水。事实上，二者相遇时便开始发生反应了，但是反应的生成物会将它们隔开，从而使反应暂停。水的出现恰恰溶解了这种生成物。于是这个放热的反应便在接下来的半秒内将混合物引燃了。除了镁粉之外，放热产生的水蒸气和反应生成的银也给这个反应带来了全新的视觉体验。

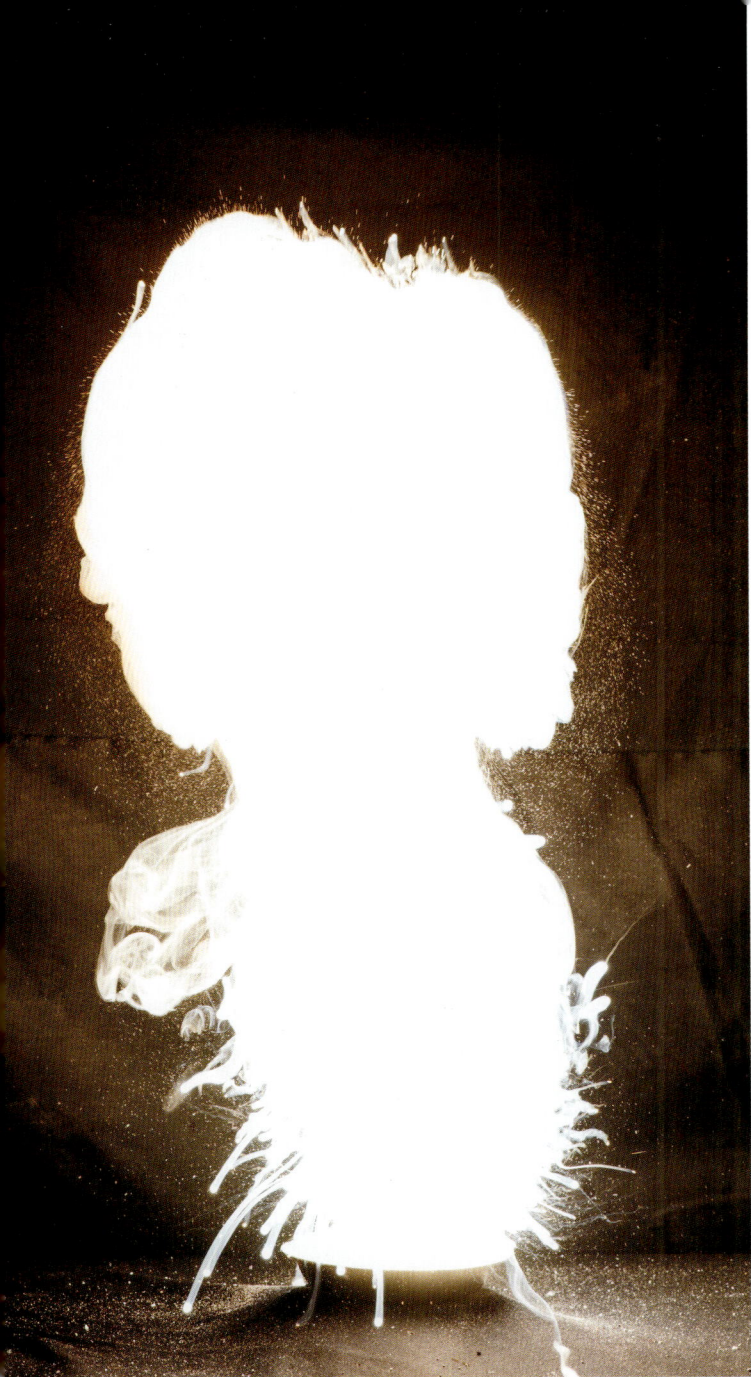

　　在类似的情况下可以被水催化的反应还有很多，比如第二章介绍的溴与铝的反应。溴和铝在发生反应生成溴化铝的过程中，反应物会将二者隔开。虽然说溴足够活泼，可以累积热量引发燃烧，但如果有几滴水溶掉反应物的话，可以让整个反应进行得更快。

　　顺带一提，在拍摄完现在的这个实验之后，铁盘由于高温直接和下面的黑衬布粘在了一起。看到后面的照片后，大家可能会觉得付出这点损失还是值得的。

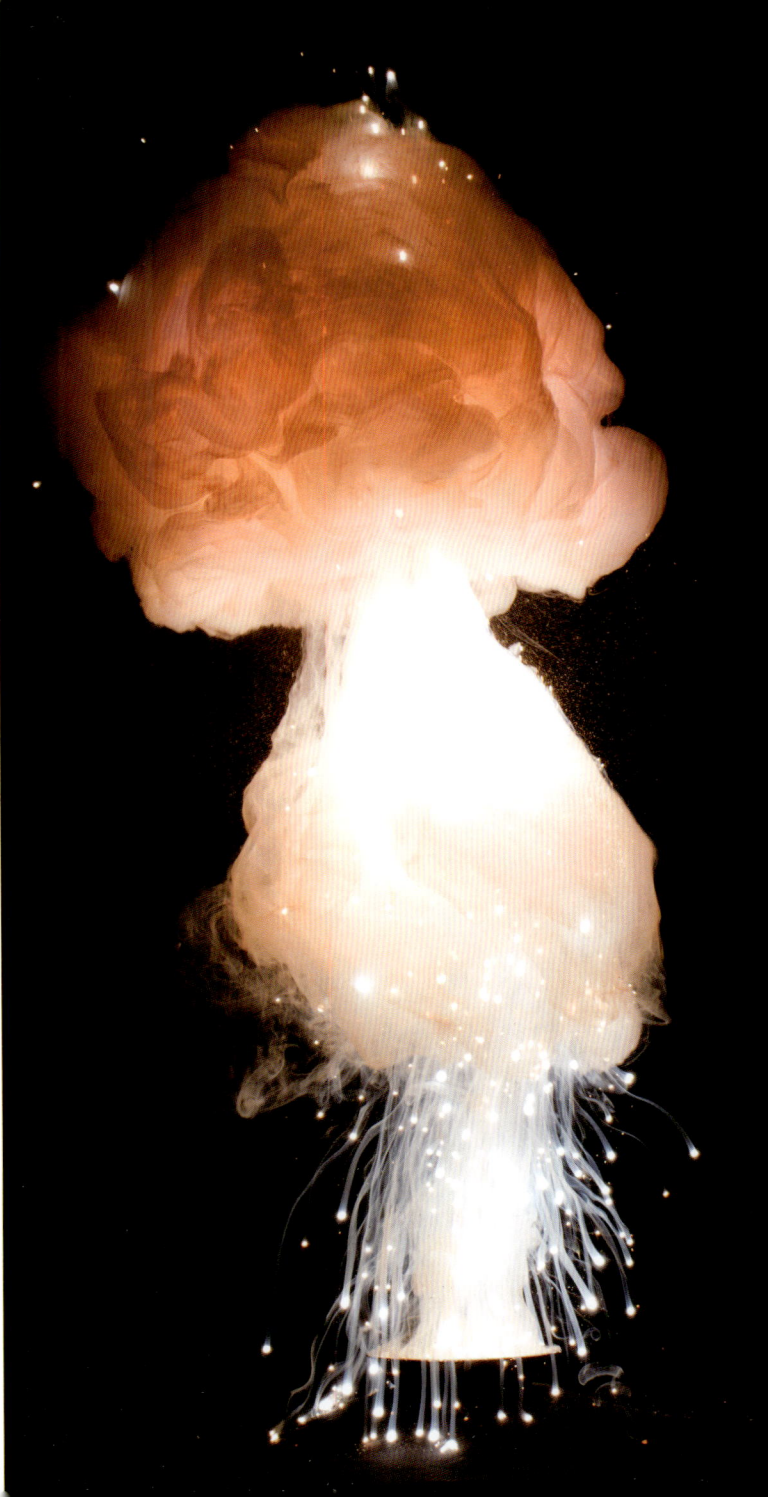

躲过反应第一阶段镁粉带来的强烈闪光后，第二阶段便可以捕捉到这样漂亮的蘑菇云。只不过我们用肉眼几乎看不到这样的景象，一方面镁燃烧时的强光会把这些奇妙的景象全部隐藏，另一方面爆炸发生得太快，我们还来不及看，反应就结束了。

在本书第一版的读者评论里，有人看到左页中的图之后说特别想把这个歪头"蘑菇"扶正，我对此有同感。根据这张照片实际上可以反推出反应物的燃烧顺序，明显是铁盘里右侧的物质先燃烧，然后点燃了全部反应物，从而生成了画面中这个歪向右边的"蘑菇"。

接下来就是反应的第三阶段了，会出现更加奇妙的现象，其中独特的颜色和反应生成的银颗粒有着分不开的关系。

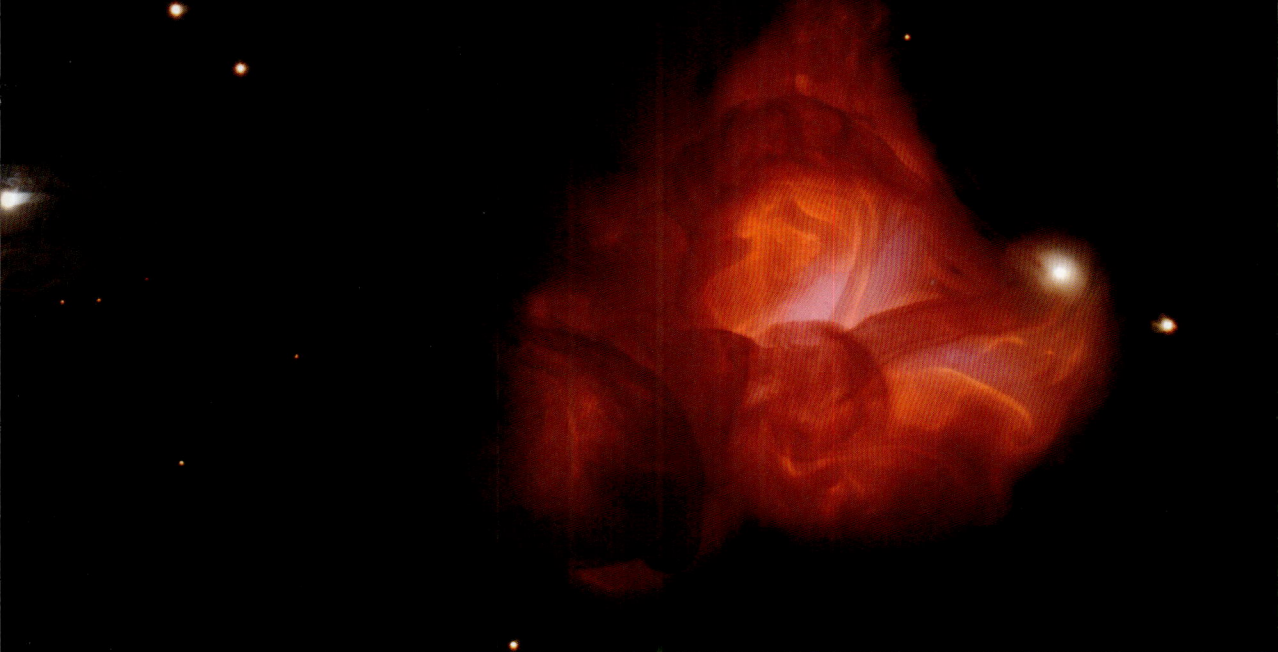

上图展示的是在左页中的图所示的反应阶段抓拍到的另一张照片，我们将它旋转了一下，以"摆脱"重力的影响。没记错的话，这已经是在本书中我们第三次在化学反应中看到宇宙了，这张照片与真实的星云极为相似，我们不得不说化学反应是奇妙的。

下一页展示了本章的最后一幅照片，其瞬间的画面就像很多小说和影视作品中描写的"世界树"一样。"世界树"是北欧神话中的概念，它的枝干构成了整个世界。不得不说，在这一点上，化学也是一样的。在现实世界中，元素和化学反应是构成整个世界的基础。所以，刻意也好，巧合也罢，将这幅照片作为本书的结尾，再合适不过了。